U0295878

本书由安徽省高校学科(专业)拔尖人才学术资助项目(编号:gxbjZD40)、安徽省教育厅自然科学研究重点项目（编号:KJ2019A0705）、安徽省自然科学基金（编号:1608085ME103)资助出版

复杂环境下异型深大基坑盖挖逆作综合技术研究及应用

FUZA HUANJING XIA YIXING SHENDA JIKENG
GAIWA NIZUO ZONGHE JISHU YANJIU JI YINGYONG

孙玉永　著

合肥工業大學出版社

图书在版编目(CIP)数据

复杂环境下异型深大基坑盖挖逆作综合技术研究及应用/孙玉永著 . —合肥：
合肥工业大学出版社,2019.7

ISBN 978 - 7 - 5650 - 4520 - 2

Ⅰ.①复…　Ⅱ.①孙…　Ⅲ.①基坑工程—工程施工—研究　Ⅳ.①TU46

中国版本图书馆 CIP 数据核字(2019)第 117410 号

复杂环境下异型深大基坑盖挖逆作综合技术研究及应用

孙玉永　著

责任编辑	张择瑞　汪　钵	
出版发行	合肥工业大学出版社	
地　　址	(230009)合肥市屯溪路 193 号	
网　　址	www.hfutpress.com.cn	
电　　话	理工编辑部:0551 - 62903204	
	市场营销部:0551 - 62903198	
开　　本	710 毫米×1010 毫米　1/16	
印　　张	14	
字　　数	138 千字	
版　　次	2019 年 7 月第 1 版	
印　　次	2019 年 10 月第 1 次印刷	
印　　刷	合肥现代印务有限公司	
书　　号	ISBN 978 - 7 - 5650 - 4520 - 2	
定　　价	46.00 元	

如果有影响阅读的印装质量问题,请与出版社市场营销部联系调换。

前　言

近年来,随着我国城市化进程的不断加快,为了缓解人口激增与城市基础设施相对落后的矛盾,城市建设逐渐形成三维空间格局,即向上发展高层、超高层建筑,向下发展地下空间。无论是"上天",还是"入地",都促使基坑工程不断涌现,加之城市轨道交通的大量兴建,基坑工程开挖深度越来越深、开挖面积越来越大、形状越来越不规则,同时,基坑工程的施工环境也越来越复杂,常出现临近敏感建筑物的基坑工程,安全保护等级高。为此,开展异型深大基坑工程的变形和稳定性研究,并有针对性地提出合理的应对措施以确保基坑本身和周围环境处于安全和正常使用状态至关重要。

本书以合肥地铁大东门站深大异型基坑工程为背景,该车站为1号线和2号线的换乘车站,形状呈"T"形。1号线在大东门站最大开挖深度达到33.1m,为合肥地区开挖最深的基坑;基坑穿越典型的上软下硬地层,施工工效和施工精度难以控制;基坑周围既有高耸的建筑物,也有低洼的河流,施工难度大,环境保护等级高。本书通过理论研究、数值分析、装备研制、工程实践等手段进行技术攻关,解决了复杂基坑工程的小变形、高精度、高耐久等技术难题,形成了复杂环境下异型深大基坑盖挖逆作成套技术成果,不仅解决了依托工程的技术难题,也可为今后类似工程的设计和施工提供借鉴。

全书共分为6章。第1章为概述,主要介绍基坑工程相关的研究现状,如深基坑施工技术、扩底桩灌注钢管桩以及盖挖逆作车站等;第2章为工程概况,主要介绍了依托工程背景——合肥地铁大东门站的简介、工程地质和水位地质条件、周边环境条件等;第3章为复杂环境下异型深大偏载基坑施工技术,计算分析了地层偏载对基坑变形控制的影响,研发了过程管控、分区卸载、实时监控、即刻响应的变形控制技术,实现了复杂环境下深大基坑小变形控制的目标;第4章为上软下硬地层扩底灌注钢管桩高精度施工技术,通过设备研发、工艺改进、精度监控等方法和手段,提出了扩底灌注桩三段式成孔和钢管桩两点式液压垂直压入技术,提高了上软下硬地层深孔扩底灌注钢管桩的施工精度;第5章为超深盖挖逆作车站结构新形式和修建技术,提出了车站结构与地下连续墙榫槽的连接方法,形成了新型复合墙结构形式,提高了车站的防水性能和耐久性;第6章为结论,对本书研究内容及成果进行了全面总结。

在本书的研究和撰写过程中,笔者得到了安徽省高校学科(专业)拔尖人才学术资助项目(编号:gxbjZD40)、安徽省教育厅自然科学研究重点项目(编号:KJ2019A0705)、安徽省自然科学基金(编号:1608085ME103)的资助。在本书的撰写过程中,还得到了同济大学肖军华教授、中国铁建大桥工程局集团有限公司周冠南教授级高级工程师和邹春华高级工程师、中铁二十四局集团有限公司向科教授级高级工程师的指点,同时也要感谢合肥地铁大东门站工程的设计单位(北京城建设计发展集团股份有限公司)和施工单位(中国铁建大桥局工程集团第二工程有限公司)的大力支持,为我们提供了众多宝贵的现场资料和数据,特在此表示深深的谢意。此外,书中引用了大量国内外相关专家学者的研究成果,在此一并致谢。

由于笔者水平有限,书中难免存在一些不足之处,恳请读者批评指正。

著 者

2018 年 12 月

目　　录

第1章 概 述

随着我国城镇化进程的不断加快,诸如城市轨道交通、综合交通枢纽等大型地下工程越来越多,其中不乏处于复杂环境下的异型深大基坑工程。例如,合肥地铁大东门站基坑工程(图1-1)、宁波南站北广场综合改造工程(图1-2)、世界博览会轴深大基坑工程(图1-3)等,不仅基坑开挖深度和开挖面积大,形状也不规则。另外,周围环境也存在一些需要保护的建筑物,安全等级高,为此在基坑开挖施工时,须采取合理的应对措施确保基坑本身和周围环境处于安全和正常使用状态。

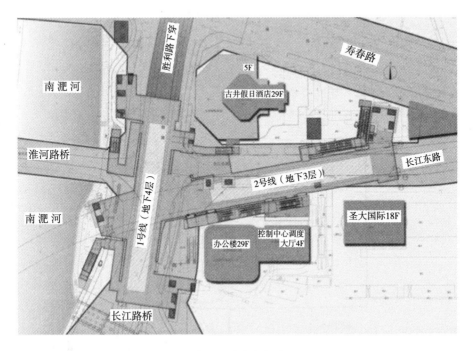

图1-1 合肥地铁大东门站基坑工程

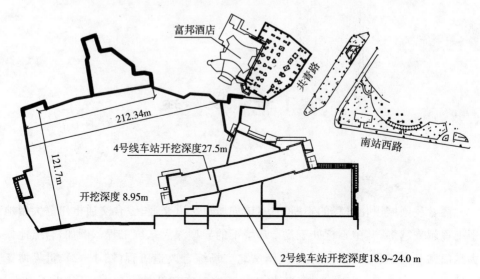

图 1-2 宁波南站北广场综合改造工程

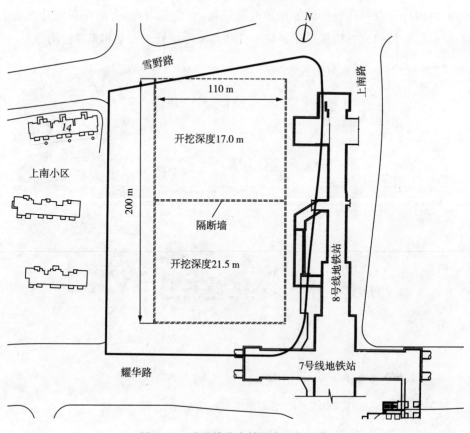

图 1-3 世界博览会轴深大基坑工程

本书以合肥地铁大东门站为工程背景,该车站是合肥市地铁 1 号线与 2 号线的换乘车站,其中 1 号线为地下四层三跨框架结构,最大开挖深度为 33.1 m,2 号线为地下三层三跨框架结构,最大开挖深度为 25.3 m,两车站呈"T"形斜交。车站周围环境复杂,紧临多栋高层建筑和南淝河,环境保护等级高,施工风险大。车站穿越上软下硬地层,采用盖挖全逆作法施工,围护结构为地下连续墙,为了满足施工期承载和使用期抗浮的需求,车站内布置了大量扩底灌注钢管柱(桩)。该工程具有以下特点:

(1)开挖深度大。合肥地铁大东门站 1 号线最大开挖深度为 33.1 m,2 号线最大开挖深度为 25.3 m,都属于超深基坑的范畴,且为安徽省开挖深度最大的基坑工程。

(2)环境保护等级高。车站位于合肥市胜利路和长江东路交叉口西侧,车辆通行能力要求高;紧临多栋高层建筑物,施工变形控制要求高;临近南淝河,施工风险大。

(3)地层上软下硬。车站自上而下穿越地层包括杂填土、粉质黏土、粉土、粉细砂、强风化泥质砂岩和中风化泥质砂岩,为典型的上软下硬地层,这给地下连续墙和钻孔灌注桩的施工工效及精度带来了很大的困难。

(4)存在地层偏载。车站一侧为高耸的建筑物,另两侧为低洼的河流,存在明显的地层偏载,开挖可能诱发地层过大变形。

(5)盖挖全逆作法。大东门站基坑采用盖挖全逆作法施工,结构耐久性难保证;车站内存在大量永久使用的扩底灌注钢管柱,施工精度难控制。

合肥地铁大东门站具有变形控制难度大、施工精度要求高、结构耐久保证难等特点,国内外可借鉴的经验非常有限。因此,依托合肥地铁大东门站基坑工程,开展复杂环境下异型深大基坑盖挖逆作综合技术研究具有重要的理论价值和现实意义。研究成果不仅可直接应用于工程,解决其技术难题,也可为国内外类似工程的设计和施工提供借鉴与指导。

1.1 深基坑施工技术

1.1.1 基坑开挖施工方法

明挖法具有速度快、工期短、工程质量易保证、工程造价低等优点,已成为目前城市轨道交通地下车站的首选施工方案,在部分区间隧道中也有采用,当然,明挖法施工由于需要大开挖作业,对地面交通和城市的生活环境也会产生一定的影响。

该方法根据主体结构施工作业顺序的不同又可分为顺作法、逆作法和盖挖法。

1. 顺作法

顺作法先施工围护结构,然后从地面向下开挖基坑、设置支撑,场地开阔时可以采用放坡施工,开挖到基底时铺设混凝土垫层,并从下向上回筑内部结构。在回筑内部结构时,根据结构的受力情况分批拆除支撑或进行换撑,在顶板封顶后覆土恢复市政管线和路面结构,施工顺序如图1-4所示。

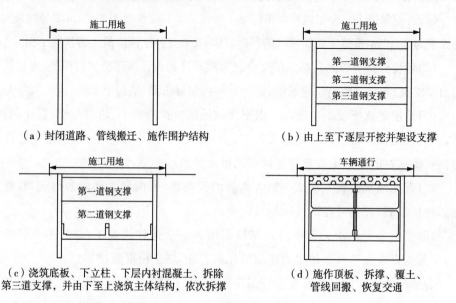

（a）封闭道路、管线搬迁、施作围护结构

（b）由上至下逐层开挖并架设支撑

（c）浇筑底板、下立柱、下层内衬混凝土、拆除第三道支撑,并由下至上浇筑主体结构,依次拆撑

（d）施作顶板、拆撑、覆土、管线回搬、恢复交通

图1-4 顺作法施工步骤

顺作法施工中的基坑可以分为敞口放坡和有围护结构的基坑两类。基坑稳定的各项技术措施如下所示:

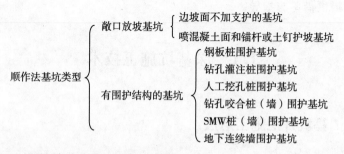

顺作法施工特点可以概括为以下几点:

(1)施工作业面开阔,有利于提高工效、缩短工期。

(2)质量容易保证。

（3）施工降、排水容易，防水结构简单，质量可靠。

（4）施工期间对周围环境或道路交通影响大，且易受到气象条件的影响。

（5）基坑较深时，须采取措施防止基坑变形及周围地面沉降。

该方法的适用区域包括：基坑开挖范围内无重要的市政管线，或市政管线较少，可以临时改移；车站施工影响范围内的道路交通流量不大，或在需要临时封闭道路交通时具备交通改道和疏解条件。

2. 逆作法

当地面需要尽快恢复交通，或环境保护要求较高时，可以采用逆作法施工，即利用先施工完成的地下连续墙作为深基坑开挖时挡土、止水的围护墙，利用地下结构各层的楼盖、柱、墙等作为围护墙的强大支撑体系，从地面向下逐层施工，直至底板完成，逆作法施工流程如图1-5所示。

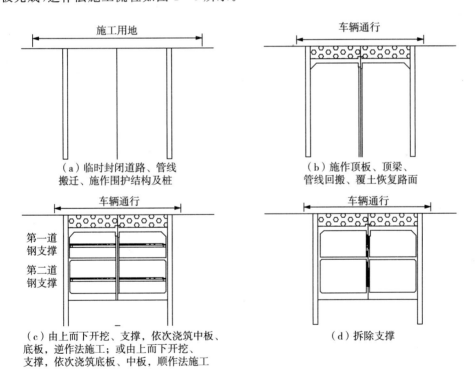

图1-5 逆作法施工流程图

逆作法可分为以下三类：

（1）全逆作法。在先施工的围护墙体之间开挖土体至顶板位置，施工结构顶板；顶板达到一定强度后覆土恢复地面交通，同时从顶板向下开挖，边开挖边施工内部结构,先施工侧墙和中板,后施工底板结构。当车站为多跨结构时,为了满足施工过程中结构竖向受力的需要,根据计算可以在车站内设置竖向支撑桩,以承受顶板、中板和路面的荷载。设置的支撑桩多与主体结构的立柱"合二为一",即利用该施工阶段的支撑桩作为整个车站结构使用阶段的立柱。

采用该方法施工,施工场地小,施工工序转换和节点构造复杂,结构的设计和施工难度大,同时施工速度较慢。当然,顶板施工结束后,可以立即覆土恢复路面,最大限度地减小施工对地面交通的影响。

(2)半逆作法。为了减少围护墙体变形和地面的沉降,同时加快施工的进度,明挖顺作至中板结构再施工中板,利用中板混凝土结构作为围护结构的刚性支撑,在中板以下采用逆作法开挖到基坑底部。

该方法相对于全逆作法而言,设置的立柱桩只需要承受中板的荷载,立柱桩的长度和内力也较小,结构相对简单一些,成本也可以降低。

(3)框架逆作法。该方法也是以保护周围环境为主要目的,土体开挖至顶板、中板位置时,将主体结构的顶板、中板的一部分设计成水平框架结构,形成类似于混凝土支撑的刚性支撑,然后明挖顺作到基坑底部,浇筑底板和侧墙,最后将顶板、中板预留的孔洞补全。

该方法在基坑施工期间,结构整体刚度较大,构造也较简单,但最后须补全顶板、中板上顶留的孔洞,工作量较大。

3. 盖挖法

当车站位于交通繁忙的街道下,明挖施工对周围环境影响过大时,可采用盖挖法施工,即利用围护墙和基坑的中间立柱在其上方向内架设临时路面板,以保持地面交通的顺畅。由于基坑的顶部设置了临时路面结构,基坑内的出土和材料的运输相对于明挖法要困难。

盖挖法一般可分为盖挖顺作法和盖挖逆作法两种,其施工一般步骤见图 1-6 和图 1-7 所示。

盖挖法施工的主要特点可以概括为以下几点:

(1)封闭道路时间比较短,而且允许分段实施。盖挖顺作法对路面干扰较盖挖逆作法小,通过合理组织车行路线,可以保证施工期间路面的交通顺畅,车站防水质量也较盖挖逆作法好。

(2)对周围环境的干扰时间较短,对防止地面沉降以及对周围建筑物和地下管线的保护具有良好的效果。

（3）挖土在顶部封闭状态下进行，大型机械应用受到限制，施工工期较长。

（4）须设置中间竖向临时支承系统，与侧墙共同承受结构封底前的竖向载荷。

（5）须对地下连续墙、中间支撑柱与底板、楼盖的连接节点进行处理。

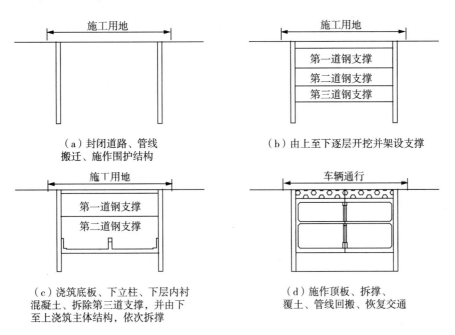

（a）封闭道路、管线搬迁、施作围护结构

（b）由上至下逐层开挖并架设支撑

（c）浇筑底板、下立柱、下层内衬混凝土、拆除第三道支撑，并由下至上浇筑主体结构，依次拆撑

（d）施作顶板、拆撑、覆土、管线回搬、恢复交通

图1-6 盖挖顺作法施工流程图

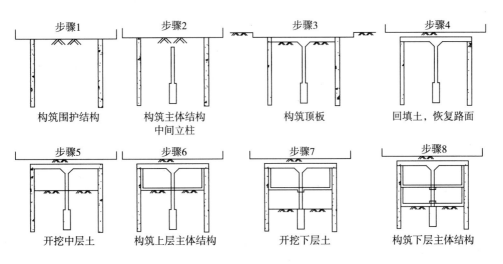

构筑围护结构

构筑主体结构中间立柱

构筑顶板

回填土，恢复路面

开挖中层土

构筑上层主体结构

开挖下层土

构筑下层主体结构

图1-7 盖挖逆作法施工流程图

1.1.2 深基坑围护结构类型

目前基坑开挖中可采用的围护结构种类较多,其施工方法、工艺和所用的施工机械也各异,用于深基坑的围护结构类型主要有以下几种。

1. 地下连续墙

地下连续墙简称地连墙,具有挡土、防水抗渗及承重等多种功能,且施工时振动小、噪音低、对邻近建筑物或构筑物影响小,因此在城市轨道交通中得到了广泛应用,但其造价较高,且存在弃土和废泥浆,粉砂地层易引起槽壁坍塌及渗漏等缺陷。根据施工方法,地下连续墙可分为现浇和预制两大类。

(1)现浇地下连续墙

原位连续成槽浇筑,施工时先在地面上构筑导墙,采用专门的成槽设备,沿着支护或深开挖工程的周边,在特制泥浆护壁条件下,每次开挖一定长度的沟槽至指定深度,清槽后,向槽内吊放钢筋笼,然后用导管法浇筑水下混凝土,混凝土自下而上充满槽内并把泥浆从槽内置换出来,筑成一个单元槽段,并依次逐段进行,这些相互连接的槽段在地下构筑成一道连续的钢筋混凝土墙体,即为地下连续墙,其施工流程如图1-8所示。

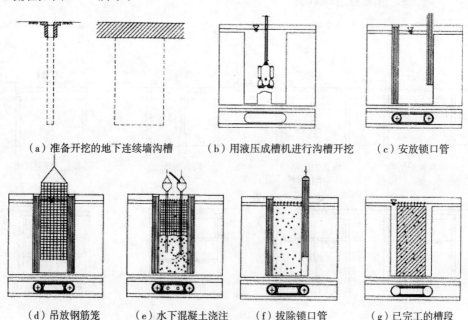

(a)准备开挖的地下连续墙沟槽　　(b)用液压成槽机进行沟槽开挖　　(c)安放锁口管

(d)吊放钢筋笼　　(e)水下混凝土浇注　　(f)拔除锁口管　　(g)已完工的槽段

图1-8　地下连续墙施工流程(以液压抓斗式成槽机为例)

槽段形式主要有"一"字形、"L"形、"T"形和"Ⅱ"形等(图1-9)。单元槽段之间应设连接接头,根据受力特性可分为柔性接头和刚性接头。刚性接头能够承受弯矩、剪力和水平拉力,柔性接头则不能。

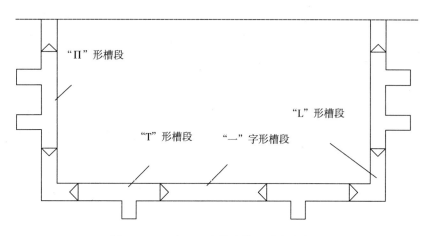

图1-9 现浇地下连续墙槽段形式示意图

(2)预制地下连续墙

采用常规施工方法成槽后,在泥浆中先插入预制墙段等预制构件,然后以自凝泥浆或注浆置换成槽用的护壁泥浆,也可直接以自凝泥浆护壁成槽插入预制构件,以自凝泥浆的凝固体填塞墙后空隙和防止构件间接缝渗水,形成地下连续墙,接头一般为现浇钢筋混凝土,详见图1-10。

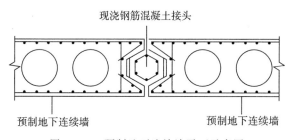

图1-10 预制地下连续墙平面示意图

预制地下连续墙保证了墙体的施工质量,可直接作为地下室的建筑内墙,节约成本;与结构梁板、基础底板等连接处预埋件位置对应准确,不会出现钢筋连接器脱落现象等。但由于受到起重和吊装能力的限制,墙段长度受到了一定的限制。

通常连续墙的厚度为600 mm、800 mm、1000 mm、1200 mm。幅宽应根据车站基坑平面布置、地质条件、施工机具性能、施工环境、结构布置、起吊能力等确定,一般幅宽为 6～8 m,但当地下连续墙邻近有建筑物、重要地下管线时,幅宽宜缩短。

地下连续墙混凝土设计强度等级不应低于 C30,水下浇筑时混凝土强度等级按相关规范要求提高。墙体和槽段接头应满足防渗设计要求,混凝土抗渗等级不宜小于 S6 级。受力钢筋应采用 HRB400 级和 HRB335 级钢筋,构造钢筋可采用 HRB235 级钢筋。

2. 排桩

排桩围护体是利用常规的各种桩体,例如钻孔灌注桩、挖孔桩、预制桩、SMW 工法桩(型钢水泥土搅拌桩)等,按一定间距或连续咬合排列形成的地下挡土结构。图 1-11 为几种常用排桩围护体形式。

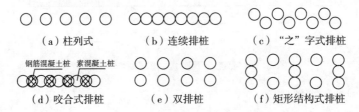

（a）柱列式　　（b）连续排桩　　（c）"之"字式排桩

（d）咬合式排桩　　（e）双排桩　　（f）矩形结构式排桩

图 1-11　排桩围护体的常见形式

图 1-11 所示的各种形式中,仅于图(d)所示的咬合式排桩兼具隔水作用,其他形式的排桩都没有隔水的功能。当在地下水位高的地区应用除咬合式排桩以外的排桩围护体时,还需另行设置注浆、水泥搅拌桩、旋喷桩等隔水措施,其中最常见的隔水帷幕是采用水泥搅拌桩(单轴、双轴或多轴)相互搭接、咬合形成一排或多排连续的水泥土搅拌桩,主要形式见图 1-12。

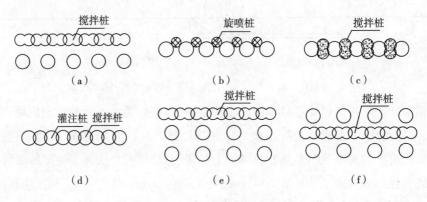

（a）　　　　（b）　　　　（c）

（d）　　　　（e）　　　　（f）

图 1-12　排桩围护体的止水措施

排桩围护体与地下连续墙相比,其优点在于施工工艺简单、成本低、平面布置灵活,缺点是防渗和整体性差,一般适用于中等深度的基坑围护。非打入式的钻孔灌注桩、挖孔桩等围护体与预制式板桩相比,具有无振害、无噪音、无挤土等优点。

3. 型钢水泥土搅拌墙

型钢水泥土搅拌墙通常称为 SMW(Soil Mixing Wall)工法,是一种在连续套接的三轴水泥土搅拌桩内插入型钢形成的复合挡土隔水结构,见图1-13。施工时利用多轴钻掘搅拌机在原地层中切削土体,同时钻机前端低压注入水泥浆液,与切碎土体充分搅拌形成隔水性较高的水泥土柱列式挡墙,在水泥土混合体未结硬前插入"H"型钢等(多数为"H"型钢,亦有插入拉森式钢板桩、钢管等)。在地下水位较高的软土地区,插入的"H"型钢使得墙体本身具有较好的隔水效果,一般情况下不需额外施工隔水帷幕。

(1)型钢密插型 　　(2)型钢插二跳一型 　　(3)型钢插一跳一型

图1-13 型钢水泥土搅拌墙

型钢水泥土搅拌墙围护结构在地下室施工完成后,可以将"H"型钢从水泥土搅拌桩中拔出,达到回收和再次利用的目的,因此该工法与常规的围护形式相比,不仅工期短、施工过程污染小、噪声小等,还可以节约社会资源,避免围护体在地下室施工完毕后永久遗留于地下,成为地下障碍物。

与地下连续墙、灌注排桩相比,型钢水泥土搅拌墙的刚度较低,基坑开挖时常常会产生相对较大的变形,在对周边环境保护要求高的工程中,例如基坑紧邻运营中的地铁隧道、历史保护建筑、重要地下管线等,应慎重选用。

4. 水泥土重力式围护墙

水泥土重力式围护墙是以水泥系材料为固化剂,通过搅拌机械采用喷浆施工将固化剂和地基土强行搅拌,形成有一定厚度和嵌固深度的连续搭接的水泥土柱状加固体挡墙。该围护墙是无支撑自立式挡土墙,依靠墙体自重、墙底摩阻力和墙前基坑开挖面以下土体的被动土压力稳定墙体。

基坑周边可结合重力式挡墙的水泥土桩形成封闭隔水帷幕,隔水性能可靠;使用后遗留的水泥土墙体相对比较容易处理。但水泥土重力式围护墙占用空间较大,围护结构变形较快,由于采用水泥土搅拌桩或高压喷射注浆成墙,围护墙施工对邻近环境影响较大。

水泥土重力式围护墙一般在软土层中应用较多。适用于软土地层中开挖深度不超过 7.0 m、周边环境保护要求不高的基坑工程。周边环境有保护要求时,采用水泥土重力式挡墙围护的基坑不宜超过 5.0 m,但可以与地下连续墙或排桩结合形成台阶式围护体系,适用于开挖深度较深的基坑。

5. 土钉墙支护

土钉墙由分布于原位土体中的土钉、黏附于土体表面的钢筋混凝土面层、土钉之间被加固的原位土体及必要的防排水系统组成,是具有自稳能力的原位挡土墙,土钉墙的基本形式见图 1-14。土钉墙与各种隔水帷幕、微型桩及预应力锚杆(索)等构件结合起来,又可形成复合土钉墙。

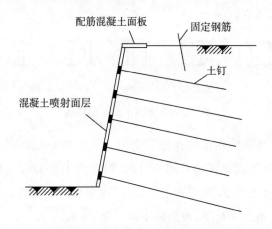

图 1-14　土钉墙的基本形式

土钉是置放于原位土体中的细长杆件,是土钉墙支护结构中的主要受力构件,常用的土钉有钻孔注浆型、直接打入型、打入注浆型等。钻孔注浆型是先用钻机等机械设备在土体中钻孔,成孔后置入杆体(一般采用 HRB335 带肋钢筋制作),然后沿全长注水泥浆。该类型土钉几乎适用于各种土层,抗拔能力较高,质量较可靠,造价较低,是最常用的土钉类型。直接打入型是在土体中直接打入钢管、角钢等型钢以及钢筋、毛竹、圆木等,不再注浆。该类型土钉由于直径小、钉长受限制,导致土钉墙承载力较低,但优点是不需预先钻孔、对原位土扰动较小、施工速度快等。打入注浆型是在钢管中部及尾部设置注浆孔成为钢花管,直接打入土中后压灌水泥浆形成土钉。该类型土钉具有直接打入钉的优点,且抗拔力较强。

面层不是土钉墙支护结构的主要受力构件,通常采用钢筋混凝土结构,混凝土一般采用喷射工艺而成,也采用现浇,或用水泥砂浆代替混凝土。面层与土钉间、土钉与土钉间需设置连接件,面层与土钉间的连接方式主要有钉头筋、垫板两种,土钉间的连接一般采用加强筋。

土钉墙具有以下优点:施工设备及工艺简单,对基坑形状适应性强,经济性较好;坑内无支撑体系,可实现敞开式开挖;支护柔度大,有良好的延性;施工所需场地小,支护结构基本不占用场地内的空间;等等。但土钉墙的土钉长度较长,需占用坑外地下空间,而且土钉墙施工与土方开挖交叉进行,对现场施工组织要求较高。

土钉墙支护结构适用于地下水位以上或经人工降水后的人工填土、黏性土和弱胶结砂土,一般用于开挖深度不大于 12 m、周边环境保护要求不高的基坑工程。

1.1.3 地下连续墙接头形式

地下连续墙施工接头应满足受力和防渗的要求,并要求施工简便、质量可靠,对下一单元槽段的成槽不会造成困难。施工接头有多种形式可供选择,目前最常用的接头形式有锁口管接头、"工"字形型钢接头、"十"字钢板接头、隔板式接头和接头箱等。

1. 锁口管接头

锁口管接头是地下连续墙中最常用的接头形式,锁口管在地下连续墙混凝土浇筑时作为侧模,可防止混凝土的绕浇,同时在槽段接头形成半圆形,增加了槽段接缝位置地下水的渗流路径。锁口管接头构造简单,施工适应性较强,止水效果可满足一般工程的需要。圆形锁口管接头见图 1 - 15。

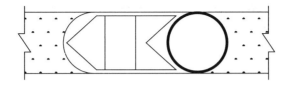

图 1 - 15 圆形锁口管接头

锁口管接头的优点:构造简单,施工方便,工艺成熟,刷壁方便,易于清除前期槽段侧壁泥浆,后期槽段下放钢筋笼方便,造价较低。锁口管接头的缺点:属柔性接头,接头刚性差,整体性差;抗剪能力差,受力后易于变形;接头呈光滑圆弧面,无折点,易产生接头渗水;锁口管的拔除与墙体混凝土浇筑配合须十分默契,否则极易产生"埋管"或"塌槽"。

2."工"字形型钢接头

"工"字形型钢接头是一种隔板式接头,其能有效地传递基坑外水平压力和竖向力,整体性好,在地下连续墙设计尤其是当地下连续墙作为结构一部分时使用,在受力及防水方面均有较大安全性。"工"字形型钢接头见图1-16。

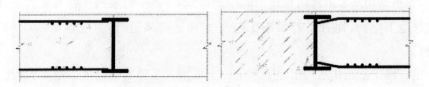

图1-16 "工"字形型钢接头

"工"字形型钢接头的优点是其翼缘与钢筋骨架焊接,钢板接头不需拔出,增加了钢筋笼的强度,也增加了墙身刚度和整体性;型钢板接头存在槽内,既可挡住混凝土外流,又起到止水的作用,大大减小了墙身在接头处的渗漏几率,比锁口管的半圆弧接头的防渗能力强;吊装比接头管方便,钢板不需拔出,根本不用担心会出现断管的现象;接头处的夹泥比圆弧接头更容易刷洗,不影响接头质量。

3."十"字钢板接头

"十"字钢板接头由"十"字钢板和滑板式接头箱组成,当对地下连续墙的整体刚度或防渗有特殊要求时采用。"十"字钢板接头见图1-17。

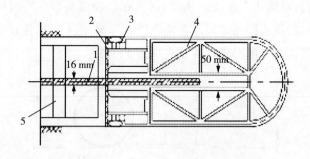

图1-17 "十"字钢板接头

1—接头钢板;2—封头钢板;3—滑板式接箱;4—"U"形接头管;5—钢筋笼

"十"字钢板接头的优点是接头处设置了穿孔钢板,增长了渗水途径,防渗漏性能较好;抗剪性能较好。其缺点是工序多,施工复杂,难度较大;刷壁和清除墙段侧壁泥浆有一定困难;抗弯性能不理想;接头处钢板用量较多,造价较高。

4. 隔板式接头

隔板式接头分柔性接头和刚性接头两种,如图 1-18 所示。

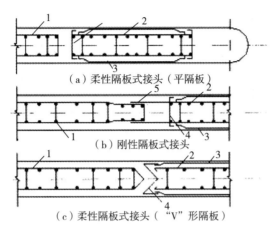

(a) 柔性隔板式接头（平隔板）

(b) 刚性隔板式接头

(c) 柔性隔板式接头（"V"形隔板）

图 1-18　隔板式接头示意图

1—在施槽段钢筋;2—已浇槽段钢筋笼;3—罩布(化纤布);4—钢隔板;5—接头钢筋

图 1-18(a)(c)为柔性隔板式接头,隔板分别为平隔板和"V"形隔板。其优点是①设有隔板和罩布,能防止已施工槽段的混凝土外溢;②取消了接头箱和锁口管,钢筋笼和化纤罩布均在地面预制,工序较少,施工较方便;③刷壁清浆方便,易保证接头混凝土质量。其缺点是:①化纤罩布施工困难,受到风吹、坑壁碰撞、塌方挤压时易损坏;②刚度较差,受力后易变形,造成接头渗漏水等。

图 1-18(b)为刚性隔板式接头,隔板为榫形隔板。与柔性隔板式接头相比,其优点是增设了钢筋笼预留接头筋,提高了接头刚度,变形小,防渗漏性能较好;其缺点是施工难度大,化纤罩布损坏失效较多,墙段侧壁刷壁清浆有一定的困难。

5. 接头箱

接头箱接头的施工方法与锁口管接头相似,只是以接头箱代替锁口管。一个单元槽段挖土结束后,吊放钢筋箱,再吊放钢筋笼。由于接头箱在浇筑混凝土的一面是开口的,所以钢筋笼端部的水平钢筋可插入接头箱内。浇筑混凝土时,由于接头箱的开口面被焊在钢筋笼端部的钢板封住,因而浇筑的混凝土不能进入接头箱。混凝土初凝后,与接头管一样逐步吊出接头箱,待后一个单元槽段再浇筑混凝土时,由于两相邻混凝土槽段的水平钢筋交错搭接,而形成整体接头。接头箱接头构造见图 1-19。

接头箱接头的优点是整体性好,刚度大,受力后变形小,防渗效果较好。其缺点是接头构造复杂,施工工序多,施工麻烦;刷壁清浆困难;伸出接头钢筋易碰弯,给刷壁清泥浆和安放后期槽段钢筋笼带来了一定的困难。

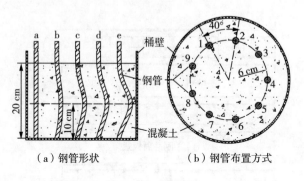

（a）钢管形状　　　　　（b）钢管布置方式

图 1-19　接头箱

1.2　扩底桩灌注钢管桩施工技术

近年来,随着高层建筑、超高层建筑、大型轨道交通和特大桥梁工程的迅速发展,建设桩基的用量越来越大,工程对桩基的承载力要求越来越高,基础工程造价在全部工程中所占的比重也在不断加大,桩基工程的施工速度、施工质量、工程造价已经成为控制整个工程安全、质量和投资的关键环节。桩基设计的主要参数为单桩极限承载力,因此提高桩身承载力和降低桩基工程造价成为桩基技术发展的主要动力与目标,扩底方法便是一种提高单桩承载性能的有效手段。扩底桩顾名思义就是指底部直径大于上部桩身直径的灌注桩,但由于施工机械和场地的限制,在地下水较为丰富的地区,既准确、安全,又能满足设计要求的扩底桩将很难施工。

钻孔扩底灌注桩(Amplitude Modulation Underreamed Pile,简称 AM 桩),是把按等直径钻孔方法形成的桩孔钻进预定的深度,换上扩孔钻头后,撑开钻头的扩孔刀刃使之旋转切削地层扩大孔底,成孔后放入钢筋笼,灌注混凝土形成扩底桩以获得较大承载能力的施工方法。具有以下优点:①振动小,噪声低;②当桩身直径相同时,钻孔扩底灌注桩比直孔桩大大提高了单桩承载力;③在保证单桩承载力相同时,钻孔扩底灌注桩比直孔桩减小桩径或缩短桩长,从而可减少钻孔工作量,避免穿过某些复杂地层,节省时间和材料;④当基础总承载力一定时,采用钻孔扩底灌注桩可减少桩的数量,节省投资;⑤桩身直径缩小和桩数减少,可缩小承台面积。

1.2.1 扩底桩施工方法

扩底桩是底部直径大于上部桩身直径的灌注桩,其单桩承载力比桩身直径相同的直桩的承载力有较大提高。按其成桩方式一般可分为夯扩桩、静压扩底桩、机械扩底桩、人工挖孔扩底桩、压力注浆扩底桩、爆破扩底桩和膨胀体扩底桩等(表1-1)。

表1-1 扩底桩施工方法

序号	施工方法	适用条件	优 点	缺 点
1	夯扩桩	中低压缩性黏土、粉土、砂土、碎石土、强风化岩石等	① 适应性比较强,投入少; ② 地基土挤密程度高,桩端面积大,承载力强; ③ 内管底部有混凝土做成的薄型土塞,保障了混凝土的注浆质量	① 施工噪音过大; ② 施工效率较低; ③ 无法定量检测夯扩桩的端头; ④ 单桩的承载力不大,桩身长度受到限制
2	静压扩底桩	土质比较疏松的土层	① 施工噪声小; ② 成桩过程对周围土体的扰动较小; ③ 能够较好地控制沉降问题; ④ 工作效率相当于夯扩桩的2~4倍	① 桩身一般在20 m以内; ② 对结构灵敏的淤泥层会造成颈缩、断桩现象
3	机械扩底桩	不受地形限制	① 施工无噪声; ② 施工速度快; ③ 成桩具有较好的承载力	施工成本较高
4	人工挖孔扩底桩	软土等	① 施工过程中地面无隆起或侧移; ② 操作简单、施工速度快; ③ 施工精度较高	① 挖孔中劳动强度较大; ② 人工挖孔时,支护不到位,容易发生安全事故

（续表）

序号	施工方法	适用条件	优 点	缺 点
5	压力注浆扩底桩	黏土、软土等	解决了普通混凝土灌注桩桩端沉渣和桩周泥皮降低桩侧摩擦阻力的难题	① 容易发生注浆管被堵或地面冒浆和地下串浆现象； ② 压力注浆必须在桩身混凝土强度达到一定要求后进行，延长了工期
6	爆破扩底桩	黏土、硬石等	① 施工简单； ② 工程造价低	① 在软土、碎石或砂土中桩头不宜成型； ② 在持力层复杂、漂石较多的地区具有局限性
7	膨胀体扩底桩	软土等	① 土层扰动较小； ② 噪声干扰小	国内外研究较少，技术不是很成熟

1.2.2 扩底钻头

1. 反循环扩底方式

（1）扩刀上开方式，见图 1-20(a)。桩身钻完后，在规定的扩底深度处，把扩底刀刃如同伞似地反向打开扩底，切削面按尺寸逐渐扩大而形成扩底部。上开方式形式简单，加工方便，主要用于稳定土层，对于松散土层、砂层和其他胶结性差的地层难以成孔。

（2）扩刀下开方式，见图 1-20(b)。直孔钻进至桩底部后，将关闭的扩底刀刃徐徐地打开扩底，直至形成扩底部。下开方式结构简单，加工方便，扩底角小，成孔可靠性好，适用于较复杂地层，但切削扭矩大。

（3）扩刀滑降方式，见图 1-20(c)。直孔钻进至扩底部后，扩幅刀刃沿着倾斜的固定导架下滑的同时，缓慢切削而形成扩底部。滑降方式结构复杂，加工困难，扩底直径调节范围小，不重复切削孔壁，成孔可靠。

（4）扩刀推出方式，见图 1-20(d)。直孔钻进至扩底部后，把刀刃的作用面向外侧缓慢伸展切削而形成扩底部。推出方式的结构更加复杂，主要用于潜水钻。

2. 钻斗钻扩底方式

（1）水平推出方式，见图 1-21(a)。将具有 12°倾斜角（图 1-21(a)的两侧部

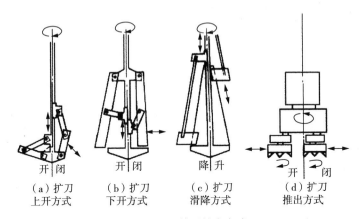

图 1-20 反循环扩底方式

分)的扩底刀刃向外侧推出后进行扩底切削。

（2）滑降方式,见图 1-21(b)。将扩底刀刃沿着斜倾 12°的固定导杆滑降后进行扩底切削。

（3）下开和水平推出并用的方式,见图 1-21(c)。将上部关闭的扩底刀刃徐徐地按下开方式打开后进行扩底切削的同时,将下部的扩底刀刃向外侧水平推出进行扩底切削。

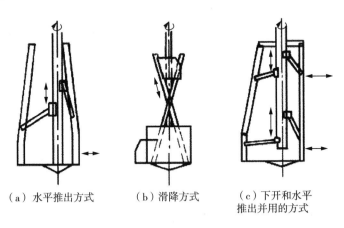

图 1-21 钻斗钻扩底方式

3. 带可扩张切削工具的钻头

钻头构造见图 1-22。在钻杆上设置固定翼,固定翼的外缘直径等于桩径,在固定翼上装有可径向扩张的活动翼片,活动翼和固定翼通过销钉铰接。在钻杆不旋转时,活动翼由于重力的作用呈下垂状态,使钻具能够自由进出待扩的钻孔;当钻杆旋转时,活动翼片在离心力的作用下逐渐张开,在活动翼片的底端和侧端镶有硬质合金切削齿,以便切削孔壁。调节转速可控制活动翼片的张开程度和对孔壁的侧压力,以便分级扩孔。由于活动翼片的最大张开度是固定的,到达孔底后可像普通刮刀钻头一样向下钻进。钻杆的下端可按正反循环钻进的需要设置喷嘴或吸口。

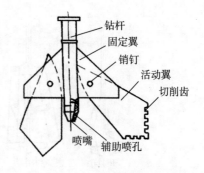

图 1-22 带可扩张切削工具的钻头

1.2.3 钢管桩插入技术

近年来,随着我国基础设施建设的快速发展,建筑工程的规模不断扩大,施工难度也日益增加,在城市繁华地区的城市轨道交通地下车站及高层建筑地下室建设中,采用盖挖逆作法修建建筑工程的越来越多。盖挖逆作法有很多优势,也存在很多技术难点,例如要求钢管柱安装垂直度高、深度深,施工难度大,造价高。目前比较常见的钢管柱施工方法主要有传统人工定位安装、静压沉管机垂直插入、液压全回转插入机垂直插入等,如表1-2所示。

表 1-2　钢管柱插入施工方法

序号	施工方法	工作原理	优点	缺点
1	人工定位安装	基础桩施工完毕后抽干泥浆,人工下至钢护筒(深至桩顶)底部进行清孔、桩头凿除、定位器安装、钢管柱安装定位等操作	① 工艺完善; ② 可控性好; ③ 垂直度和桩心误差容易控制	① 成本高; ② 工期长; ③ 安全性差
2	静压沉管机垂直插入	基础桩采用缓凝混凝土灌注,在混凝土初凝之前,使用静压沉管机利用预制桩的施工原理将钢管柱垂直插入基础桩内;在沉管机定位后将钢管柱吊装插入两个定位器内,由此保证钢管柱的插入位置准确	① 成本较低; ② 工期短; ③ 安全性好	① 工艺有待完善; ② 可控性差,垂直度易出现较大偏差

序号	施工方法	工作原理	优 点	缺 点
3	液压全回转插入机垂直插入	基础桩顶部采用缓凝混凝土灌注,在混凝土初凝之前,使用插入机利用两点定位原理将钢管柱插入基础桩内;插入机定位后将钢管柱吊装插入两个垂直液压装置内,利用水平调节器和垂直调校装置进行微调,定位准确后进行插入,过程中通过垂直传感器随时掌握钢管柱的垂直度情况,随时调节	① 成本低; ② 工期短; ③ 安全性好	① 工艺有待完善; ② 垂直度控制介于人工定位法和静压沉管机垂直插入法之间

　　液压全回转插入机垂直插入的核心就是根据两点定位的原理,通过液压全回转插入机的两套液压垂直插入装置,在柱下桩混凝土浇筑完成后、混凝土初凝前,将底端封闭的永久性钢柱垂直插入支撑桩混凝土中,直到插到设计标高。具体施工方法为:①将钢管柱利用大吨位的履带吊车垂直吊起到液压插入机上,由液压插入机将钢管柱抱紧,同时复测钢管柱的垂直度;②上下两个液压垂直插入装置同时驱动,通过其向下的压力将钢管柱垂直向下插入;③液压定位器将钢管柱抱紧后,按照从下到上的顺序依次松开液压定位器,再由两个液压垂直插入装置同时将钢管柱向下插入;④重复上述步骤,直至插入到要求的设计深度。

　　开挖地面修筑结构顶板及其竖向支撑后,在顶板的下面自上而下分层开挖土方分层修筑结构的施工方法称之为盖挖逆作法。盖挖逆作法因其利于交通导改、管线改移、控制变形,且施工受天气影响小,在环境复杂的闹市区应用日益广泛。目前国内采用盖挖逆作施工的车站一般为地下两层车站,然而,随着时代的不断发展,地下空间开发深度日益加大,受周边条件控制地下三层甚至地下四层、五层的地铁车站不断涌现,许多地下三层、四层的车站受周边环境限制,也需要采用盖挖逆作法施工。二者虽同为盖挖逆作车站,原理一致,但由于地下四层站基坑深、侧墙顶部需悬挂三层地铁结构(复合墙)、钢管柱长度大、荷载大等特殊情况,因此在结构受力计算、节点构造设计、钢管柱设计、桩基设计、方便施工和出土、严格控制变形等方面均需进行更多的研究和特殊设计。

1.3　盖挖逆作车站施工技术

　　传统的盖挖逆作地铁车站一般为地下两层三跨车站,车站顶板覆土 3～4 m,车站基坑深度为 17～18 m,围护结构采用钻孔灌注桩或地下连续墙,内衬结构墙与围护结构的结合方式有复合墙与叠合墙两种,见图 1-23、图 1-24 所示。

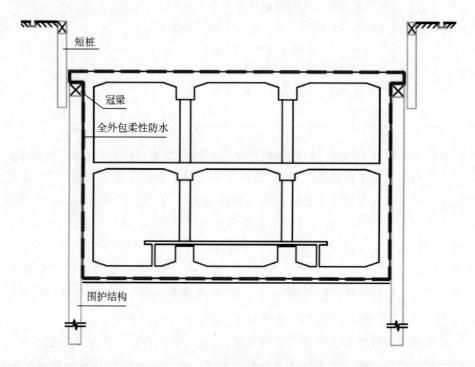

短桩

冠梁

全外包柔性防水

围护结构

图 1-23　盖挖逆作复合墙剖面

　　1. 复合墙结构

　　由于在围护结构与结构内衬墙之间有一层连续的全外包防水层,因此结构内衬墙以及各层结构板的钢筋与围护结构不相连,二者之间只能传递水平压力,不能传递弯矩和剪力。地下水压力完全由内衬结构承担,水压力以外的其余荷载由围护结构和内衬结构一同承担。

　　2. 叠合墙结构

　　在地连墙内侧凿毛并涂刷水泥基渗透结晶防水材料,或采用微晶水泥刚性抹面,然后再在内侧施工内衬墙。此种围护结构与结构内衬墙密贴设置,各层板与围护结构钢筋连接,围护结构与内衬墙之间可设置构造抗剪钢筋,二者之间除能传递水平压力外,还能传递剪力及弯矩,所有荷载均由围护结构和内衬结构共同承担。

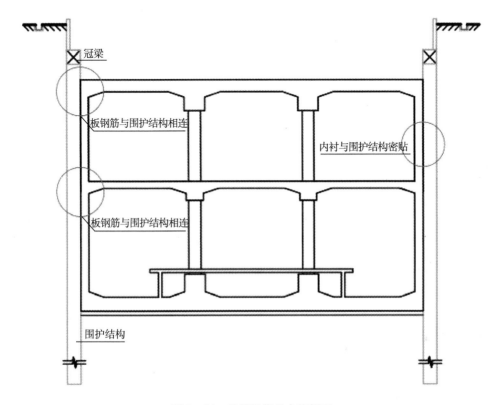

图 1-24　盖挖逆作叠合墙剖面

第2章 工程概况

2.1 工程简介

合肥市地铁大东门站是1号线与2号线的换乘站,位于胜利路和长江东路交叉路口西侧,1号线车站位于胜利路(现状为双向6车道)下方近似南北向敷设,2号线车站位于长江东路(现状为双向4车道)下方近似东西向敷设,两站斜交呈"T"形换乘,1号线车站在下,2号线车站在上,两站同期实施。车站三维图如图2-1所示。

图2-1 大东门站三维图

车站中心里程为K7+50.522,起止里程为K6+974.172~K7+119.612。1、2号线均为14 m宽岛式站台,大东门站为1、2号线换乘站,总建筑面积为34837 m²,1号线车站为地下四层三跨箱型框架结构,车站标准段长145.4 m、宽23.5 m、深31.7 m,端头井开挖深度为33.1 m,为当时地铁开挖深度最深的车站基坑工程;2号线车站为地下三层三跨箱型框架结构,车站标准段长220.5 m、宽23.5 m、深24.4 m,端头井最大开挖深度为25.3 m;两站相交的异型节点部分为三层多跨结构。

车站覆土厚度大部分约为 4.0 m,最小覆土厚度约 1.0 m,最大覆土厚度约 5.3 m。大东门站结构平面和典型剖面如图 2-2 和图 2-3 所示。

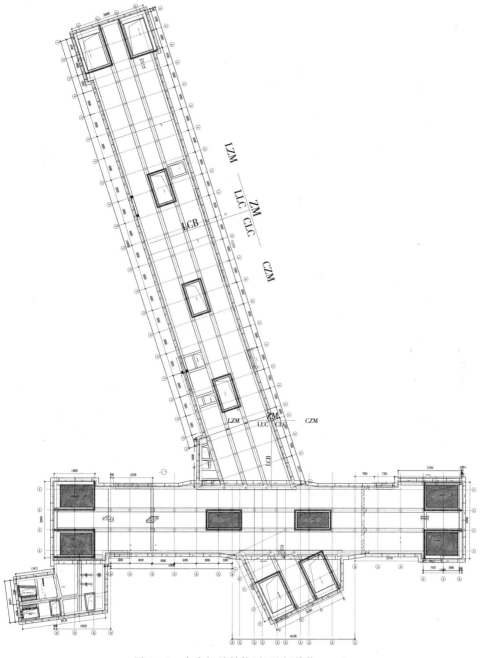

图 2-2　大东门站结构平面图(单位:mm)

车站采用复合墙结构、全外包防水,围护结构均采用地下连续墙、"十"字钢板接头,其中 1 号线车站基坑深度为 31.7 m,采用 1200 mm 厚的地下连续墙;2 号线车站基坑深度为 24.4 m,采用 1000 mm 厚的地下连续墙,车站施工采用盖挖逆作法。

大东门站 1 号线车站四层部分立柱桩采用直径 900 mm、壁厚 20 mm 的钢管桩,柱底采用 2 次扩底的支盘桩,支盘桩直径为 2000 mm,扩底直径为 3000 mm。2 号线车站三层部分采用直径 800 mm、壁厚 20 mm 的钢管桩,柱底桩基采用两次扩底的支盘桩,支盘桩直径为 2000 mm,扩底直径为 3000 mm。

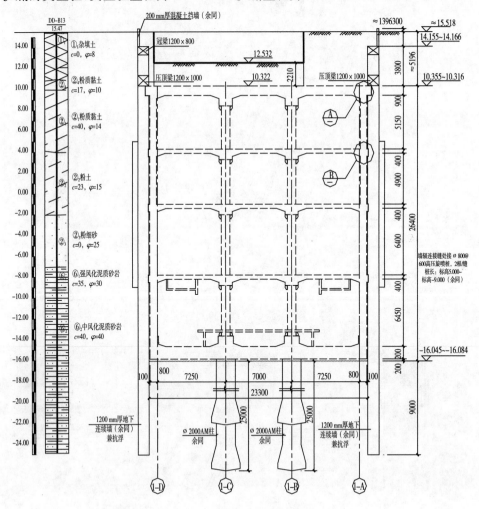

图 2-3 大东门站结构剖面图(单位:mm)

2.2 工程地质与水位地质条件

2.2.1 工程地质条件

大东门站基坑沿线地貌单元可划分为南淝河河床与河漫滩、一级阶地、二级阶地，属于南淝河河床与河漫滩地层即工程地质Ⅱ单元。

本段线路基本平坦，自然地面标高 14.00～16.00 m。车站范围地层自上而下为杂填土①₁层、粉质黏土②₁层、粉土②₂层、粉细砂②₃层、强风化泥质砂岩⑥₁层、中风化泥质砂岩⑥₂层，现场取芯情况如图 2-4 和图 2-5 所示。

图 2-4　0～20 m 芯样(含 20 m)

图 2-5　20～40 m 芯样(不含 20 m)

1号线车站基底主要位于中风化泥质砂岩⑥$_2$层,单轴抗压强度为2.45 MPa;2号线车站标准段结构基底主要位于强风化泥质砂岩⑥$_1$层,地质剖面如图2-6所示,各地层物理力学指标见表2-1。

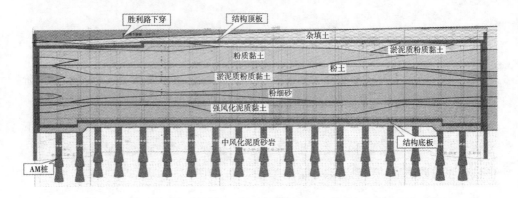

图2-6 车站地质剖面图

2.2.2 不良地质作用及特殊岩土

1. 不良地质作用

大东门站位于合肥市区,地貌属南淝河河床及河漫滩,根据区域地质资料、《合肥市轨道交通一号线一期工程地质灾害危险性评估报告》和勘察结果,其北侧有合肥—东关断裂(F1),依据《合肥市轨道交通一号线一期工程场地地震安全性评价报告》结论,上述断裂晚更新世以来未发现活动迹象,无泥石流、崩塌、地裂缝等不良地质作用。

2. 特殊岩土

本站工程场地存在的特殊性岩土主要包括填土、软土、风化岩。

填土:普遍分布,填土厚度一般为0.6～5.0 m,局部较厚,约为7.3 m,主要为杂填土①$_1$层,局部有粉质黏土填土①层,属松散—稍密土层,填土的堆积时间短、成分复杂,力学性质差异较大,稳定性差。

软土:场地内普遍分布淤泥质粉质黏土②$_4$层,该层较软,天然含水量大,压缩性高,呈软塑到流塑状态,力学性质较差,稳定性差。

风化岩:场地分布的风化岩主要为强风化泥质砂岩和中风化泥质砂岩,主要矿物成分为石英、云母,上述岩层胶结程度低,遇水易软化、崩解。强风化泥质砂岩原岩结构大部分已破坏,手可捏碎,中风化泥质砂岩岩芯呈短柱状,裂隙较发育,强度较低。

表 2-1 各土层物理力学性质

名 称		天然密度 ρ (g/cm³)	静侧压力系数 K_0	天然快剪 C (kPa)	天然快剪 φ (°)	压缩模量 E_s (MPa)	桩的极限侧阻力标准值 q_{sik} (kPa)	土体与锚固体极限摩阻力标准值 q_{sik} (kPa)	分层承载力特征值 f_{ak} (kPa)	基床系数 (MPa/m) 垂直 K_v	基床系数 (MPa/m) 水平 K_x	渗透系数 K (m/d) 水平	渗透系数 K (m/d) 垂直
人工填土层 Q^{ml}	粉质黏土填土①	1.80		10	6								
	杂填土①₁	1.75		0	8								
第四纪全新世冲洪积层 Q_4^{al+pl}	黏土②	1.97	0.50	40	10	10	55	55	180	40	40	<0.001	<0.001
	粉质黏土②₁	1.99	0.47	30	7	8	50	50	160	30	30	0.05	0.05
	粉土②₂	2.05	0.45	20	11	8.3	60	60	180	30	35	0.5	0.5
	粉细砂②₃	2.01	0.42	10	25	9.6	55	55	200	30	35	2.0	2.0
	淤泥质粉质黏土②₄	1.76	0.60	5	6	3	25	20	120	10	15	0.01	0.01
白垩纪基岩 K	强风化泥质砂岩⑥₁	2.10	0.40	35	30	30	120	140	300	70	90	0.2	0.2
	中风化泥质砂岩⑥₂	2.32	0.30				150	160	450	90	100	0.05	0.05

2.2.3　水文地质条件

大东门站范围内包含两层地下水,分别为上层滞水和承压水。

上层滞水:水头埋深为 1.35～5.50 m,水头标高为 10.17～13.98 m,含水层为粉质黏土填土①层、杂填土①₁层。

承压水:水头埋深为 1.20～4.90 m,水头标高为 10.77～14.17 m,水头高度为 6.10～14.55 m,含水层为粉土②₂层(渗透系数 $K=5.8×10^{-4}$ cm/s)、粉细砂②₃层(渗透系数 $K=2.3×10^{-3}$ cm/s),为中等透水层。

2.3　周边环境条件

大东门站东北侧为古井假日酒店,该酒店主楼 29 层、裙楼 5 层,均为桩基础,裙楼离 2 号线主体结构外皮约 10.7 m,东南侧为 32 层的圣大国际,距 2 号线主体外皮约 10 m,基础形式为桩基础。

南浥河从车站西侧和南侧绕过,1 号线车站主体基坑围护离河较近,距河堤约 24.0 m,2 号线盾构井段主体结构外皮距河堤仅 4.5 m。车站周边环境如图 2-7 所示。

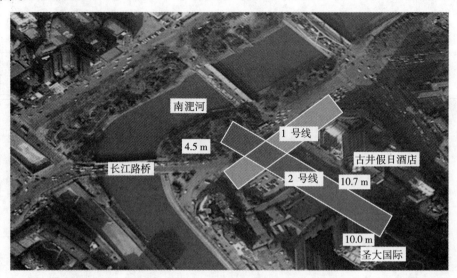

图 2-7　大东门站周边环境图

2.4　需解决的重难点及关键技术

合肥地铁大东门站是 1 号线和 2 号线的换乘车站,车站基坑具有开挖深度大、形状异型、地层上软下硬、存在建筑物偏载、周围环境保护等级高等特点,工程存在的重难点及需解决的关键技术如下所述。

1. 复杂环境下异型深大偏载基坑施工方法

合肥地铁大东门站 1 号线车站深基坑标准段开挖深度为 31.7 m,端头井开挖深度为 33.1 m,是目前合肥市开挖深度最大的基坑,周围紧邻重要建筑物和河流,存在明显的施工偏载,穿越地层自上而下分别为杂填土①₁层、粉质黏土②₁层、粉土②₂层、粉细砂②₃层、强风化泥质砂岩⑥₁层、中风化泥质砂岩⑥₂层,车站底板坐落在中风化泥质砂岩中,为典型的上软下硬地层。

目前,深基坑施工方法主要包括顺作法、逆作法以及盖挖法等。顺作法具有施工工效高等优点,但存在变形控制难、对周围环境影响大等不足;逆作法具有变形易控制、对周围环境影响时间短等优点,但也存在施工工效不高等缺点;盖挖法具体又可分为盖挖顺作法和盖挖逆作法。针对本工程的特点,选用合理的基坑开挖施工方法将直接影响本工程的工效和质量控制。

2. 复杂环境下异型深大基坑的变形控制难

合肥地铁大东门站基坑具有开挖深度大、形状异型、地层上软下硬、存在地层偏载、周围环境保护等级高等特点,采用盖挖逆作法施工,但在变形控制中还存在诸多不利因素,如地下连续墙接头样式、上软下硬地层中地下连续墙成槽施工、异型盖挖逆作法基坑出土口布置等。

3. 复合地层中深厚地下连续墙施工难度大

基坑穿越含有承压水的粉土层和粉细砂层,下部将穿越强风化泥质砂岩,坐落在中风化泥质砂岩。上部施工中可能存在塌孔风险,下部则存在成槽机无法正常冲抓、施工效率低的情况。

4. 上软下硬地层扩孔灌注桩施工质量和工效控制难

扩孔灌注桩在上软下硬地层中施工,可能存在上部塌孔的风险,下部岩层中则存在成孔效率低、垂直度难以满足的困难。

5. 钢管桩插入精度控制难

工程中的钢管桩为车站永久的结构柱,其施工质量和施工精度直接影响后期结构的使用,为此须采取合理的措施保证钢管桩的高精度插入。

6. 逆作法基坑复合墙有效连接困难

在采用逆作法施工的基坑中,内部结构是随着开挖由上而下逐步完成的,一方面逆作法结构本身施工质量就难控制,另一方面地下连续墙和内部结构采用通过接驳器进行连接的工程中也不同程度地存在不能有效连接的问题。

7. 超深盖挖逆作车站抗震控制措施

地铁车站位于地下,发生地震破坏后的影响极大并且修复困难,为此须在设计阶段对车站抗震进行验算,以满足正常使用的需求。

8. 盖挖逆作法基础结构施作困难

盖挖逆作法基坑结构施作是由上而下的,这就使得侧墙与中板、顶板的连接成为薄弱环节,另外,中板、顶板的施工质量也是结构施工的重点和难点。

第3章 复杂环境下异型深大偏载基坑施工技术

合肥市轨道交通大东门站为1号线和2号线换乘车站,车站基坑最大开挖深度达33.1 m,属于超深基坑范畴,且穿越地层为上软下硬的复合地层,另外车站周边一侧为高耸的建筑物,另一侧为低洼的河流,存在明显的偏载,基坑施工安全和环境保护困难。为此,须结合本工程的特点,开展复杂环境下异型深大偏载基坑的施工技术研究,确保基坑本身和周围环境处于安全状态。

3.1 复杂环境下深基坑的合理施工方法

3.1.1 大东门站基坑受力特性分析

建立三维分析模型如图3-1所示,计算分析的主要目的是掌握大东门站一侧高耸建筑物和另一侧低洼南淝河所形成的偏载特性,因此建立的模型中并未考虑地铁1号线和2号线车站。

车站范围地层自上而下为杂填土①$_1$层、粉质黏土②$_1$层、粉土②$_2$层、粉细砂②$_3$层、强风化泥质砂岩⑥$_1$层、中风化泥质砂岩⑥$_2$层。1号线车站基底主要位于中风化泥质砂岩⑥$_2$层,单轴抗压强度为2.45 MPa;2号线车站标准段结构基底主要位于强风化泥质砂岩⑥$_1$层,各地层物理力学指标见第二章表2-1。

计算得到$A-A$断面的应力云图如图3-2所示(彩图见本章末二维码),由图可知,由于古井假日酒店建筑物以及南淝河的存在,地层中存在明显的偏载,即靠近建筑物侧地应力较高,而靠近南淝河侧地应力较低,可能会对地铁车站围护结构的设计以及车站施工的安全性造成不利的影响,为此在后续的设计和施工过程中须针对性采取应对措施,后文将详细介绍。

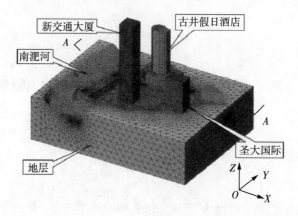

图 3-1 大东门站附近的三维模型图

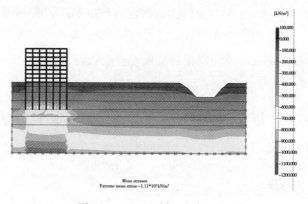

图 3-2 A—A 剖面应力云图

3.1.2 基坑开挖方案的选择

根据合肥地铁大东门站的地层特性、周边环境、受力特性等计算分析,可知该基坑具有以下特点。

1. 地层上软下硬

车站范围地层自上而下为杂填土①$_1$层、粉质黏土②$_1$层、粉土②$_2$层、粉细砂②$_3$层、强风化泥质砂岩⑥$_1$层、中风化泥质砂岩⑥$_2$层,车站底板坐落在中风化泥质砂岩中,为典型的上软下硬地层。

2. 基坑开挖深度大

1号线车站为地下四层三跨箱型框架结构,车站标准段开挖深度为 31.7 m,端头井开挖深度为 33.1 m,为当时地铁开挖深度最深的车站基坑工程;2号线车站为地下三层三跨箱型框架结构,车站开挖深度为 24.4 m。

3. 周边环境复杂

大东门站东北侧为古井假日酒店,该酒店主楼 29 层、裙楼 5 层,裙楼离 1 号线主体结构外皮约 10.7 m,东南侧为 32 层的圣大国际,距 2 号线主体外皮约 10.0 m。车站西侧和南侧为南淝河,1 号线车站主体基坑围护离河堤最近约 24.0 m。可见车站周边环境复杂,保护等级高。

4. 地层存在明显偏载

车站东侧存在古井假日酒店和圣大国际等超载建筑,西侧和南侧为低洼的南淝河。由前述分析可知,车站所在地层存在明显的偏载,在基坑开挖过程中,建筑物超载可能会引起侧向变形。

鉴于上述特点,并结合基坑的常用施工方法——顺作法、逆作法和盖挖法的特点,本工程采用对周围环境影响时间短、变形易控制的全逆作法施工。围护结构均采用地下连续墙、"十"字钢板接头,1 号线车站标准段基坑深度为 31.7 m,采用 1.2 m 厚、40.7 m 深的地下连续墙,1 号线端头井开挖深度为 33.1 m,采用 1.2 m 厚、42.1 m 深的地下连续墙,2 号线车站标准段基坑开挖深度为 24.4 m,采用 1.0 m 厚、29.85 m 深的地下连续墙,2 号线端头井开挖深度为 25.3 m,采用 1.0 m 厚、31.3 m 深的地下连续墙。

为了控制建筑物偏载对基坑开挖施工的影响,同时也为了避免基坑开挖施工引起既有建筑物的变形,在靠近既有建筑物一侧的地下连续墙外侧增设了三排直径 800 mm、桩间距 600 mm 的高压旋喷桩加固,如图 3-3 和图 3-4 所示。

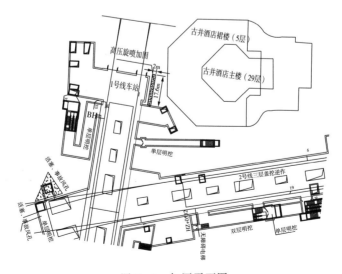

图 3-3　加固平面图

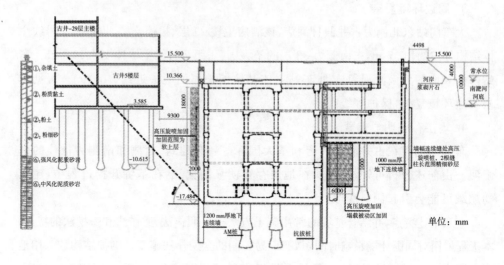

图 3-4 加固剖面图

具体施工步序如表 3-1 所示。

表 3-1 大东门站盖挖逆作结构施工步序

施工步序	示意图
第一步:施工地下连续墙、扩孔桩和钢管柱,并在地连墙接缝处采用高压旋喷止水	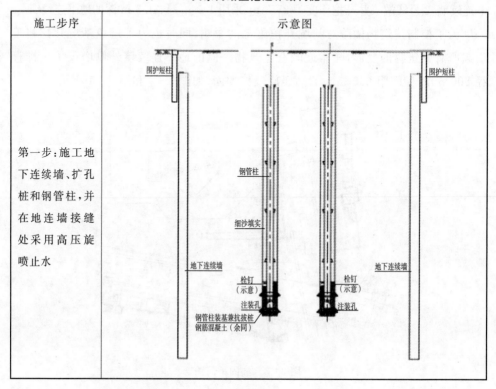

（续表）

施工步序	示意图
第二步:进行基坑降水,降水井施工,待降水达到开挖条件,开挖至顶板底标高	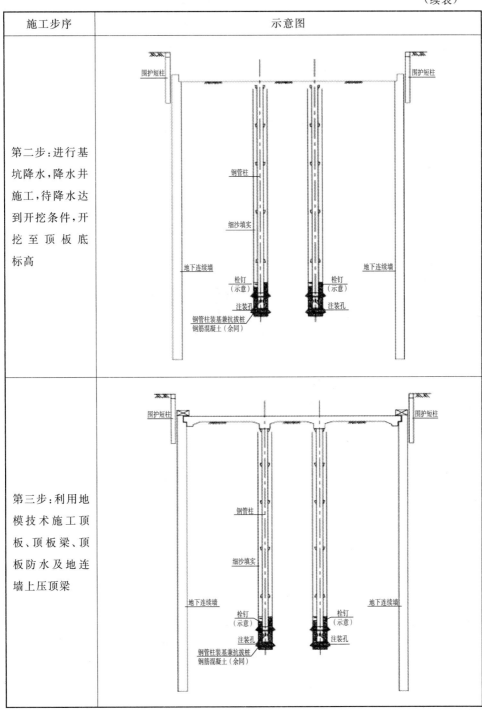
第三步:利用地模技术施工顶板、顶板梁、顶板防水及地连墙上压顶梁	

（续表）

施工步序	示意图
第四步:待顶板强度达到设计的80%后,部分分层回填顶板覆土,回填过程中密切监控钢管柱与地下连续墙的差异沉降,使之控制在设计范围内	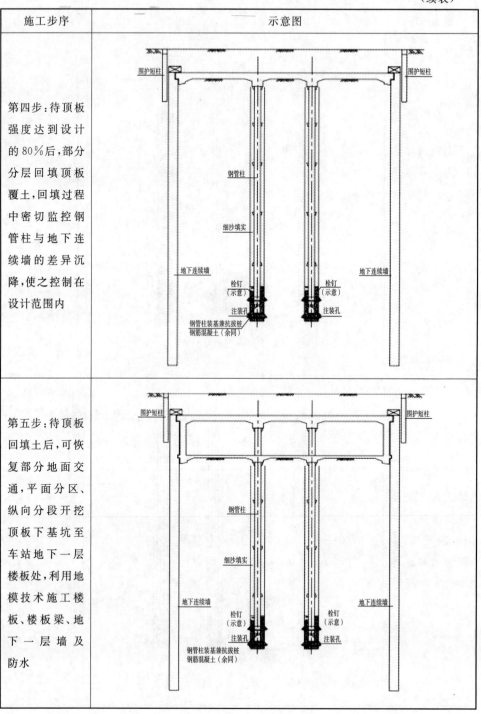
第五步:待顶板回填土后,可恢复部分地面交通,平面分区、纵向分段开挖顶板下基坑至车站地下一层楼板处,利用地模技术施工楼板、楼板梁、地下一层墙及防水	

（续表）

施工步序	示意图
第六步:待地下一层侧墙及楼板强度达到设计的80%后,平面分区、纵向分段开挖基坑至车站地下二层板处,施工地下二层楼板、楼板梁、侧墙防水及侧墙	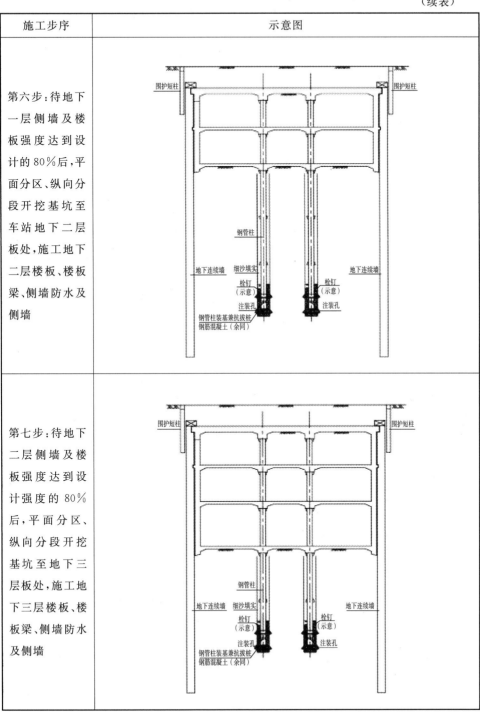
第七步:待地下二层侧墙及楼板强度达到设计强度的80%后,平面分区、纵向分段开挖基坑至地下三层板处,施工地下三层楼板、楼板梁、侧墙防水及侧墙	

（续表）

施工步序	示意图
第八步:待地下三层侧墙及楼板强度达到设计强度的 80％ 后,平面分区、纵向分段开至基底,施工接地网、浇筑底板垫层、敷设防水层;施工底板、底梁、部分地下四层侧墙及侧墙防水	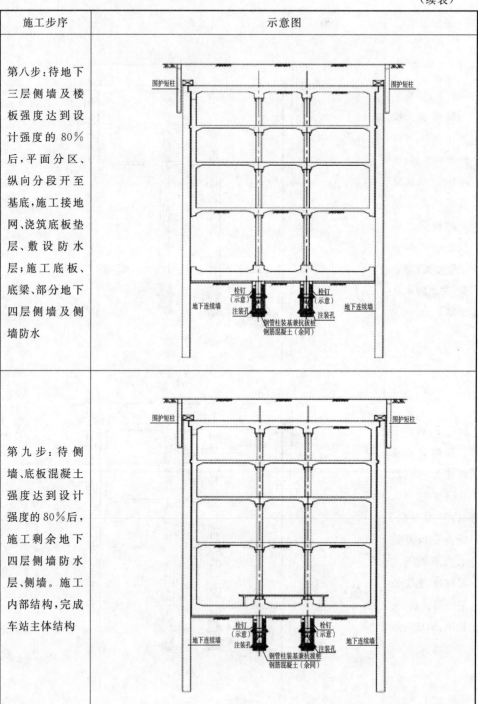
第九步:待侧墙、底板混凝土强度达到设计强度的 80％ 后,施工剩余地下四层侧墙防水层、侧墙。施工内部结构,完成车站主体结构	

3.2　复杂环境下地连墙施工的变形控制技术

3.2.1　地下连续墙合理接头形式

1. 接头形式的选择

由前述分析可知,地下连续墙的接头形式有多种,如锁口管接头、"工"字形型钢接头、"十"字钢板接头、隔板式接头和接头箱等。任何形式的槽段接头都具有止水、挡混凝土、传递应力等功能。

止水:由构成槽段接头形式并视流水路线长短和阻力大小而定。

挡混凝土:依靠槽段间的挡体(视接头形式而定)辅助于其他成熟的工艺,基本满足施工要求。

传递应力:视槽段接头形式而定,结合墙顶锁口梁和支撑体系,能满足设计要求。

止水和传递应力是决定地下连续墙结构稳定的主要因素,它们都是由槽段接头形式而定的。因此,必须研究槽段接头形式,而选择最佳流水线路和最大限度重叠两单元槽段的刚性连接是保证地下连续墙能够防漏抗渗、传递应力的前提。

相邻单元墙段间的墙体材料直接粘接,形成平面或曲面式接缝,这种连接被称之为柔性连接,其施工工艺简单,成本费用低,但抗剪能力差。它主要用在临时支护挡土、防渗止水的结构中,如防渗墙、隔水墙及基坑工程中的围护结构墙中。典型的柔性接头主要有锁口管、预制桩接头等。此类接头施工处理方法在较浅成槽中施工比较简便,刷壁器比较容易清除已成槽凹缝里的沉碴或泥皮。但在成槽深的接头处理,效果不是很理想,比较容易渗水。成槽深时,用圆形锁口管比较容易造成浇筑混凝土时绕流,混凝土流入凹槽内,造成接头不平整,刷壁器不易清除凹槽内的沉碴或泥皮,从而造成施工完成的地下连续墙接头处渗水。

对于特别重要及特殊功用的地下连续墙,如集挡土止水、地下结构外墙、上部结构承重墙于一体,进行逆作法、半逆作法施工的地下连续墙,既要有较好的防渗止水效果,又要有较高的承载能力。因此在连接处必须以钢结构将相邻墙段的钢筋笼进行局部(或全部)搭接,形成一个刚性接头,增加连接部位刚度和强度,保证墙体整体质量。传统的刚性接头有接头箱、隔板、"H"形钢、"十"字钢板等。

本工程地下连续墙将与内侧墙共同形成车站承载结构,同时在车站逆作法施工过程中还将承受上部的施工和结构荷载,这种一墙三用(即挡土墙、结构墙、板桩)的设计使地下连续墙的效能得到充分发挥。另外,该场地水文地质复杂,粉土②₂层和粉细砂②₃层为承压含水层,在地下连续墙成槽过程中易出现坍塌现象,且连续墙最大成槽深度为42.1 m。结合本工程地下连续墙钢筋笼设计和施工工艺特点,刚性接头处理是最为合适的处理方法。综合考虑本工程的特点、各刚性接头的施工工艺特点,本工程选用"十"字钢板接头形式,如图3-5和图3-6所示。

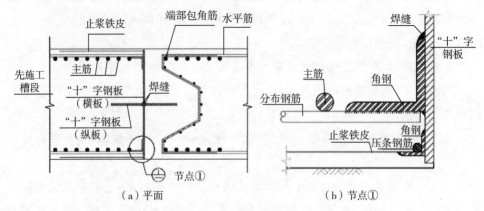

（a）平面 　　　　　　　（b）节点①

图3-5 "十"字钢板构造图

图3-6 "十"字钢板实物图

2. 接头施工工艺

(1)"十"字钢板采用现场切割、焊接完成,并与钢筋笼进行拼装、焊接,如图 3 - 7 所示。制作钢筋笼时,"十"字钢板与钢筋笼连成整体,下笼时一起下放到槽内,与钢筋笼焊接时需进行有效的加固,以保证钢筋笼起吊时达到规定的刚度。

(2)钢筋笼下放后及时下放"十"字钢板接头箱,接头箱的样式如图 3 - 8 所示。接头箱在槽口逐段拼装成设计长度后,下放到槽底,为了防止混凝土从接头箱根脚处绕流,使"十"字钢板接头箱的根脚插入槽底土体 30 cm 以上。接头箱制作精度(垂直度)应在 1/1000 以内,安装时必须垂直插入,偏差不大于 50 mm。

图 3 - 7　"十"字钢板接头与钢筋笼连接　　　　图 3 - 8　接头箱

(3)接头箱下放到位后,及时进行地下连续墙混凝土的浇筑。

(4)接头箱的顶拔采用液压千斤顶与吊车配合的方式进行。顶拔装置是由底座、上下托盘、承力横梁和两台行程 1.2~1.5 m 的 100 t 柱塞式千斤顶及配套高压油泵等组成。使用时将一对传力铁扁担穿入槽口内,并搁于横梁上,然后开动油泵,利用千斤顶将下横梁顶升,则接头箱随同拔起。

当已浇槽段混凝土 3 h 左右,开始拨动接头箱,然后每隔 3 h 提升一次,其幅度不宜大于 100 mm,并观察接头箱的下沉情况,混凝土浇筑结束 6~8 h,即混凝土终凝后,将接头箱全部拔出并及时清洁和疏通,如图 3 - 9。

(5)刷壁。针对本工程使用的刚性接缝"十"字钢板,制作专门刷壁器,使其尺寸正好符合"十"字钢板的要求,保证钢刷面能有效伸入"十"字钢板内部,从而保证在清刷时,能有效施工。刷壁器采用偏心吊刷,以保证钢刷面与接头面紧密接触,达到清刷效果。后续槽段挖至设计标高后,用偏心吊刷清刷先行幅接头面上的沉碴或泥皮,上下刷壁的次数应不少于 10 次,直到刷壁器的毛刷面上无泥为止,确保

图 3-9　接头箱顶拔现场照片

接头面的新老混凝土接合紧密。

本工程地下连续墙超声波检测结果表明,检测的 171 幅连续墙中,所有连续墙的完整性均为 1 类,占检测总数的 100%,墙身质量较好,满足设计要求,且在基坑开挖过程中,地下连续墙接缝处基本没有渗水现象,图 3-10 为超声波检测结果(彩图见本章末二维码),图 3-11 为现场拍摄的效果图。

3.2.2　砂层中地下连续墙成槽稳定技术

在浅层存在砂性的地基中进行地下连续墙成槽施工时,当槽段内泥浆液面波动过大或液面标高急剧降低时,槽壁经常会产生局部失稳,导致后续浇筑的混凝土或防渗材料的充盈系数增大,从而增加施工材料的用量和后续施工的难度。槽壁失稳造成的混凝土充盈实景如图 3-12 所示,此时后续施工中必须凿除充盈部分混凝土,这不但造成工程浪费,也增加了施工难度。

1. 槽壁局部稳定性试验研究

为了获得地下连续墙在砂层土中成槽的稳定特性,针对合肥地铁大东门站的地层条件进行了槽壁稳定性的离心模型试验。

根据施工现场情况、本次试验目的和离心试验机工作条件,确定模拟的工程地质条件为上层粉质黏土层、下层粉砂层,承压水头高度与地表相平。上部粉质黏土层高度为 6 m,下部粉砂层厚度亦为 6 m,砂层为承压水层。地下连续墙槽壁模拟长度为 3 m，成槽宽度为 1.0 m，深度为 12 m。导墙深度为 2 m，地表延伸 60 cm。
试验模型见图 3-13。

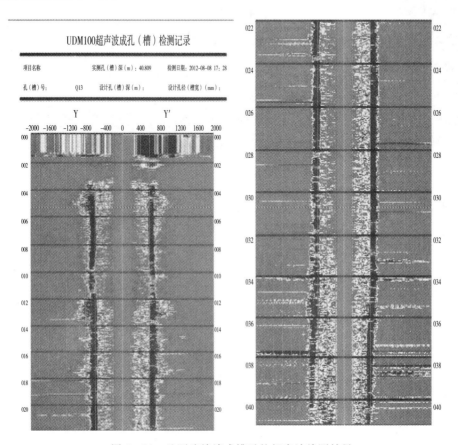

图 3-10 地下连续墙成槽后的超声波检测结果

图 3-11 基坑开挖过程中地下连续墙照片

图 3-12　槽壁局部坍塌造成的混凝土充盈

承压水位

导墙

粉质黏土层

连续墙槽

粉砂层

图 3-13　模型试验示意图

根据试验设计的目的和现场施工条件,结合 L-30 土工离心机的工作条件,本试验的模型率取 $n=60$。

试验过程如下所示:

(1)第一步,地基土模拟:在设计离心力作用重塑现场条件下的土体结构和性质。固结土体主要采用的控制指标为含水量和密度,并模拟承压水作用。

(2)第二步,开挖:施作导墙;在承压水作用下开挖地下连续墙槽;进行泥浆护壁。

(3)第三步,模拟槽壁失稳情况:在设计加速度下对施工现象进行再现,观察槽壁稳定状况。为观测在模拟过程中地层的变形,在离心模型中设置位移标记,获取位移场。将制作好的模型放入离心机,试验时通过同步摄像系统对模型在试验中的全过程进行监控,并拍摄模型照片。用专用的软件处理照片数据,以获取位移点数据。

20g 加速度条件下地下连续墙槽壁稳定状况见图 3-14,土体运动方向如图中箭头所示。由图 3-14 可知,由于承压水作用,粉砂层在土层交接面处发生塌落,细小颗粒被承压水带走,随着离心加速度增加,该现象越来越明显,而上部黏土层相对稳定,变形较小。60g 加速度下,土层分界面处砂层的坍塌槽形成见图 3-15。

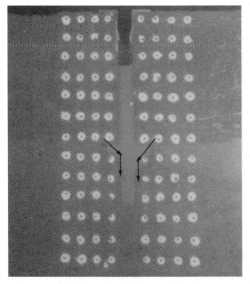 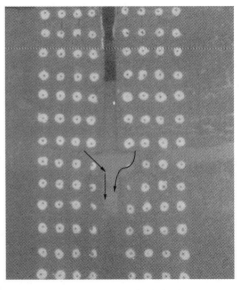

图 3-14　20g 加速度下
砂层槽壁稳定外观图

图 3-15　60g 加速度下
砂层槽壁失稳外观图

从图 3-15 还可以看出,箭头区域塌落土体的面积小于堆积在槽底的土体面积,这说明粉砂层中其他部位的细小颗粒在承压水作用下被带出堆积到槽底,60g 加速度下这种现象更为明显。

此外,在离心力作用下,泥浆出现一定的离析现象,60g 加速度下更为明显,这也基本反映了实际工程现象。

2. 局部稳定性判定方法

地下连续墙施工过程中的局部失稳往往是由于存在软弱夹层或富水砂层。存在软弱夹层时,失稳往往是由于泥浆压力不能维持侧壁稳定而发生的剪切破坏;存在富水砂层时,除受地基物理力学性质参数影响外,护壁泥浆向槽壁周围地基渗入,并产生渗透力,以维持开挖面即槽壁土体的局部稳定,当渗透力无法与槽壁土压力平衡时,槽壁将发生局部失稳。此时,槽壁局部稳定系数可定义为在渗入方向(水平向)上由渗透力产生的槽壁面上(竖向)土粒间摩擦力与土粒有效容重的比值,即

$$F_{local} = \frac{i_0 \gamma_w \tan\varphi_s}{\gamma_{ss} - \gamma_s} \qquad (3-1)$$

式中:φ_s——有泥浆渗入时土体的内摩擦角;i_0——泥浆黏滞梯度;γ_w——地下水容重;γ_{ss}——有泥浆渗入时土体容重;γ_s——泥浆容重。

式(3-1)表明,维持槽段内泥浆液面高度和泥浆容重对维持槽壁局部稳定具有重要作用,细粒土中开挖的局部稳定性要高于粗粒土。

3. 工程中采取的应对措施

针对本工程浅层遇到含承压水砂层的地层特性,结合前述的室内试验和理论分析成果,本工程中主要采取了以下两个处理措施。

(1)优化泥浆配比和控制泥浆液面高度

根据岩土工程勘察报告,制作泥浆的原材料有膨润土、CMC 和纯碱(Na_2CO_3)。泥浆中各种材料的用量根据泥浆的性能指标由试验确定,一般可按下列质量比试配,$m_水 : m_{膨润土} : m_{CMC} : m_{纯碱} = 100 : (8\sim10) : (0.1\sim0.3) : (0.3\sim0.4)$。在特殊的地质和工程的条件下,泥浆的比重需加大,如只增加膨润土的用量还不行时,可在泥浆中掺入一些重晶石,达到增大泥浆比重的目的。泥浆性能指标如表3-2所示。

表3-2 泥浆的性能指标

时 段	项 目	泥浆的性能控制指标	检验方法	备 注
成槽时	密度	1.05~1.20 kg/m³	泥浆比重计	
	黏度(S)	25~30	500 mL/700 mL 漏斗法	
	含砂率	<12%	含沙量法	
	pH 值	7~9	试纸	
	胶体率	>95%	重杯法	
	失水率	<30 mL/min	失水量仪	

（续表）

时 段	项 目	泥浆的性能控制指标	检验方法	备 注
清孔后底部	密度	<1.15 kg/m³	泥浆比重计	槽底以上 0.2～1.0 m 处
	黏度(S)	<28	500 mL/700 mL 漏斗法	
	含砂率	<8%	含沙量法	
	pH 值	7～9	试纸	
	胶体率	>95%	重杯法	
	失水率	<25 mL/min	失水量仪	

配置好的泥浆应存放 24 h 以上，使膨润土充分水化后方可使用。在施工过程中，每班检验泥浆性能次数应确保不少于 2 次。各项指标须符合设计的泥浆质量标准。

槽内泥浆面必须高于地下水位 0.5 m 以上，亦不应低于导墙顶面 0.3 m。同时，必须注意防止地表水流入槽内，破坏泥浆性能。

（2）槽壁旋喷桩加固

针对临近既有建筑物（古井假日酒店和圣大国际）超载以及靠近南淝河侧地下水渗漏可能诱发的槽壁坍塌，分别采取了外侧高压旋喷桩加固的措施，详见图 3-3 和图 3-4。

通过采取上述措施，本工程所有地下连续墙在成槽施工过程中，均未发生塌孔。

3.2.3 岩层中地下连续墙成槽施工技术

1. 成槽施工方案

大东门车站 1 号线地下连续墙厚度为 1.2 m，深度为 41 m，入岩深度为 20 m，主要位于中风化泥质砂岩层；2 号线地下连续墙厚度为 1 m，深度为 35 m，入岩深度为 14 m，主要位于中风化泥质砂岩层。目前地下连续墙成槽方法主要有成槽机成槽、冲击钻成槽、旋挖钻成槽等。结合本工程的地质条件，分别对以上三种施工方法进行试桩试验，结果如表 3-3 所示。

表3-3　地下连续墙成槽施工方法对比

方法	施工工艺	投入设备	施工时间（天/槽段）	施工结果	工艺优缺点
成槽机直接成槽	成槽机直接抓槽，抓至设计标高	成槽机1台	16	入岩3m后，成槽机基本无进尺，成槽失败	优点：机械、人员投入最少 缺点：强、中风化岩层硬度较高，无法抓至设计标高；施工效率低，进度慢
成槽机＋旋挖钻	每个槽段先由旋挖钻施工四个导向孔至槽段底部，再由成槽机抓掉槽内其余渣土	成槽机1台 旋挖钻1台	8	槽段垂直度偏差较大，成槽失败	优点：机械、人员投入较少，施工速度快 缺点：成槽垂直度无法保证，无法满足设计要求
成槽机＋冲击钻	先由成槽机抓掉岩层以上土体，然后每个槽段用两台冲击钻同时施工，将下部岩层全部冲掉，最后再由成槽机修整槽段整体形状，捞底清渣	成槽机1台 冲击钻2台	12	成槽质量符合设计要求，成槽成功	优点：成槽质量好 缺点：机械、人员投入大；施工效率低、进度慢；产生废弃泥浆多；冲击钻消耗电量巨大

　　通过上述对比可知，成槽机直接成槽在硬岩中不可行，成槽机与旋挖钻机结合时，成槽垂直度无法保证，而成槽机和冲击钻结合可以满足成槽和垂直度精度的需求，其中施工效率低、进度慢的缺陷可以通过增加机械设备的数量来弥补，因此本工程最终采用了成槽机＋冲击钻的施工方案。

　　2. 成槽施工工艺

　　上部先由成槽机进行抓槽，分三抓进行抓槽，待深度抓至距离强风化岩面以上3m处时换冲击钻进行成槽。成槽机在抓土层和岩层结合部位时，由于岩面不平整容易偏孔，一旦偏孔，由于导向作用，冲击钻施工会继续偏孔。

　　冲击钻施工时，首开幅和后续幅主孔和副孔布置如图3-16所示，其中孔间距为0.3m，冲击钻施工按照先主后副的顺序进行，最后换方锤进行槽壁两侧夹层修边施工,最终将下部岩层全部冲掉。图 3 - 17 为冲击钻现场施工图。

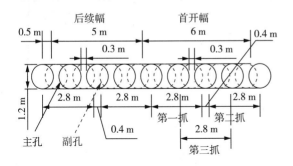

图 3 - 16　冲击钻施工时孔位布置图　　　　图 3 - 17　冲击钻现场施工

3.3　复杂环境下逆作法基坑施工变形控制技术

3.3.1　基坑开挖施工引起变形的数值分析

1. 分析思路

针对本工程的特点,进行相关数值计算和分析工作,建立模型模拟车站施工过程对附近建筑物的沉降影响。分析思路如图 3 - 18 所示。

2. 模型计算参数

在车站模拟过程中,土层条件如表 3 - 4 所示。

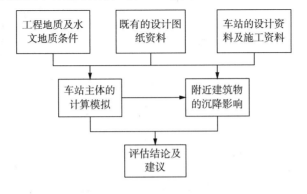

图 3 - 18　分析思路流程图

表 3-4　各土层计算参数

地质名称	土层厚度（m）	天然重度 γ（kN/m³）	黏聚力（kPa）	内摩擦角 φ（°）	压缩模量 E_s（MPa）
杂填土①₁	2	17.5	0	8	—
粉质黏土填土①	2.5	18.0	10	6	—
粉质黏土②₁	6.5	19.9	30	7	8
粉土②₂	3.5	20.5	20	11	8.6
粉细砂②₃	5	20.1	10	25	9.3
强风化泥质砂岩⑥₁	4.5	21.0	35	30	30
中风化泥质砂岩⑥₂	26	23.2	40	40	42

3. 古井假日酒店裙楼沉降模拟

开挖车站与该建筑物位置关系如图 3-19 所示，并在图中标出建筑物两个角点（S_1、S_2）。

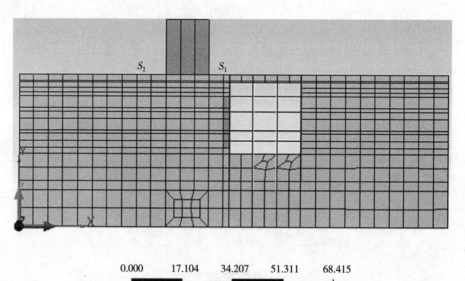

图 3-19　车站与建筑物位置关系图

建筑物两个角点(S_1、S_2)随车站的不同开挖步骤得到的最终沉降见表3-5所示。

表3-5 地层沉降随施工步序变化表

开挖步骤 \ 角点	S_1	S_2	差异变形值(mm)
开挖2.5 m	2.48	0.87	1.61
浇筑第一层板,打桩	−7.50	−2.87	4.62
回填,开挖4.8 m	−5.76	−2.25	3.51
浇筑第二层板	−5.95	−2.32	3.63
开挖4.9 m	−2.18	−0.98	1.20
浇筑第三层板	−2.39	−1.07	1.32
开挖6.25 m	2.32	0.36	1.96
浇筑第四层板	2.13	0.28	1.85
开挖3.2 m	4.60	1.07	3.53
打横撑,开挖4.4 m	7.03	1.75	5.28
浇筑五层板	5.42	1.11	4.31

根据表3-5中沉降数据绘制位移沉降变化图见图3-20和图3-21。

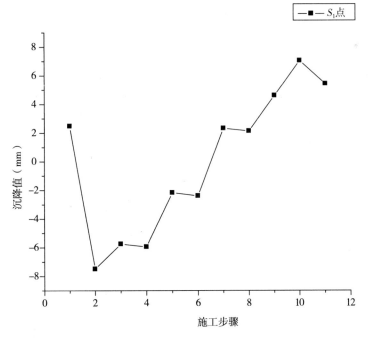

图3-20 S_1点位移沉降变化图

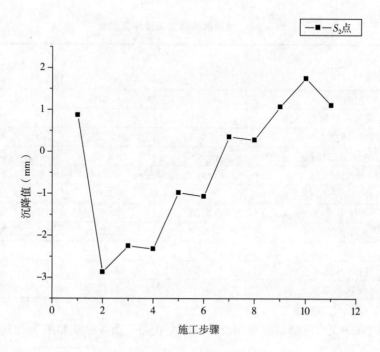

图 3-21 S_2 点位移沉降变化图

表 3-6 为古井假日酒店裙楼不均匀沉降观测数据。

表 3-6 古井假日酒店裙楼不均匀沉降观测数据

测点编号	S_1	S_2
最终沉降值(mm)	5.42	1.11
两点间的距离(m)	14.50	
最大差异变形值(mm)	5.28	
倾斜率(‰)	0.36	

　　根据图 3-20、图 3-21 和表 3-6 可知,模拟施工引起的倾斜率为 0.36‰,由前期调研可知,建筑物既有倾斜率为 0.19‰,总倾斜率为 0.55‰,小于《建筑地基基础设计规范》(GB 50007—2002)关于建筑整体倾斜的限值(3‰)。

　　4. 圣大国际

　　开挖车站与圣大国际位置关系如图 3-22 所示,并在图中标出建筑物两个角点(S_1、S_2)。

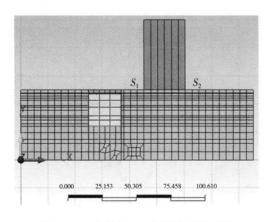

图 3 - 22 车站与圣大国际位置关系图

该建筑物随车站开挖施工所引起的沉降云图如图 3 - 23 所示（彩图见本章末二维码）。

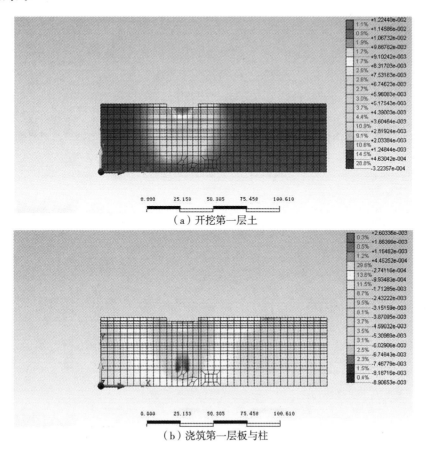

（a）开挖第一层土

（b）浇筑第一层板与柱

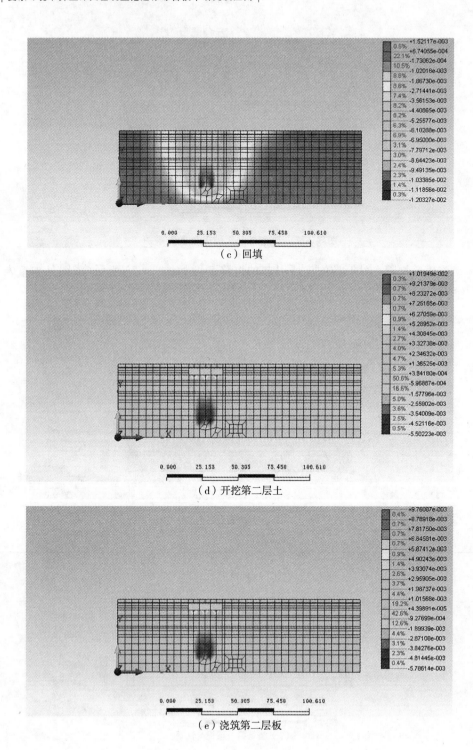

（c）回填

（d）开挖第二层土

（e）浇筑第二层板

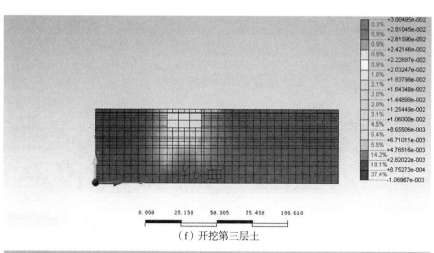

（f）开挖第三层土

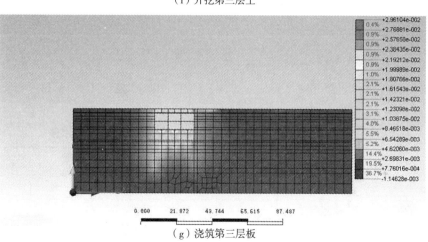

（g）浇筑第三层板

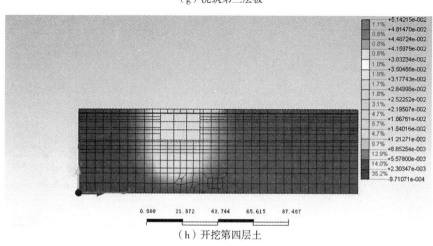

（h）开挖第四层土

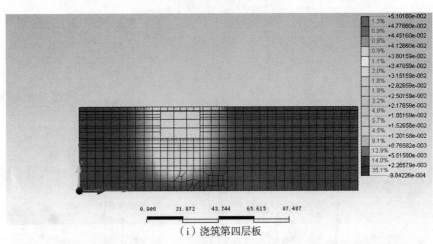

（i）浇筑第四层板

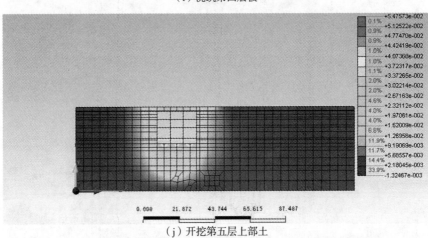

（j）开挖第五层上部土

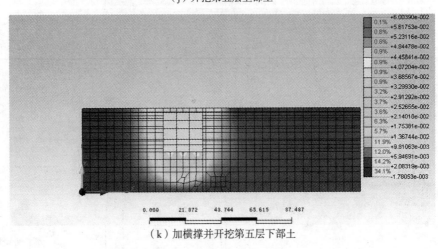

（k）加横撑并开挖第五层下部土

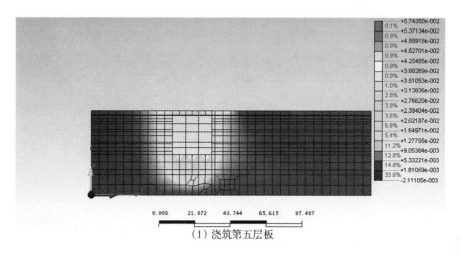

（1）浇筑第五层板

图 3 - 23 圣大国际沉降云图

将建筑物两个角点（S_1、S_2）随车站开挖施工引起的最终沉降绘制成图 3 - 24
和图 3 - 25。

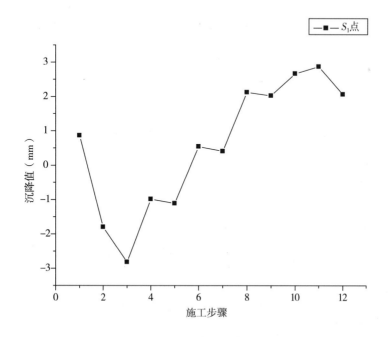

图 3 - 24 S_1 点位移沉降变化图

59

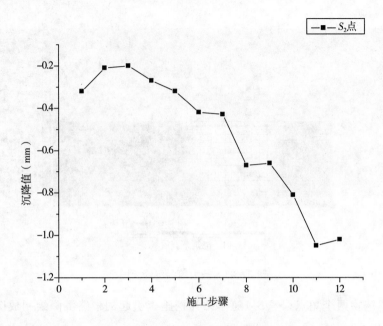

图 3-25 S_2 点位移沉降变化图

表 3-7 为圣大国际两个角点(S_1、S_2)不均匀沉降观测数据。

表 3-7 圣大国际不均匀沉降观测数据

测点编号	S_1	S_2
最终变形值(mm)	2.06	−1.02
两点间的距离(m)	30.00	
最大差异沉降值(mm)	3.92	
倾斜率(‰)	0.13	

根据图 3-24、图 3-25 和表 3-8 可知,模拟施工引起的倾斜率为 0.13‰,由前期调研可知,建筑物既有倾斜率为 0.22‰,总倾斜率为 0.35‰,小于《建筑地基基础设计规范》(GB 50007—2002)关于建筑整体倾斜的限值(2.5‰)。

5. 回迁楼

开挖车站与该建筑物位置关系如图 3-26 所示,并在图中标出建筑物的两个角点(S_1、S_2)。

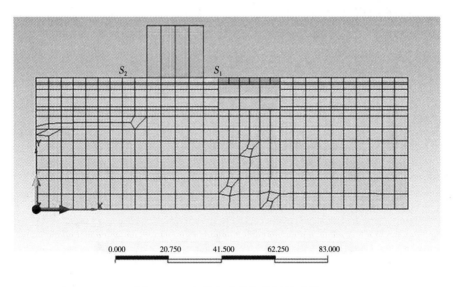

图 3-26　车站与建筑物位置关系图

车站开挖施工引起建筑物两个角点的沉降时程曲线如图 3-27 和图 3-28 所示。

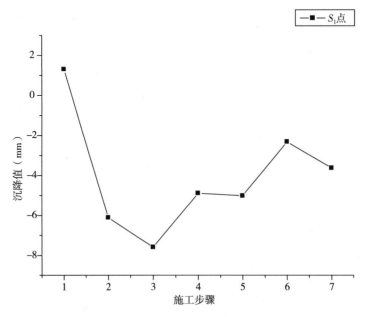

图 3-27　S_1 点位移沉降变化图

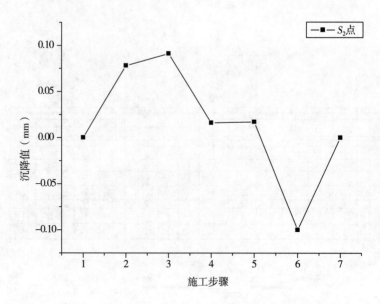

图 3-28 S_2 点位移沉降变化图

回迁楼两个角点(S_1、S_2)不均匀沉降观测数据如表 3-8 所示。

表 3-8 回迁楼不均匀沉降观测数据

测点编号	S_1	S_2
最大变形差时位移值(mm)	-3.63	-9.2×10^{-5}
两点间的距离(m)	22.00	
最大差异沉降值(mm)	7.68	
倾斜率(‰)	0.35	

根据图 3-27、图 3-28 和表 3-8 可知,模拟施工引起的倾斜率为 0.35‰,由前期调研可知,建筑物既有倾斜率为 0.71‰,总的倾斜率为 1.06‰,小于《建筑地基基础设计规范》(GB 50007-2002)关于建筑整体倾斜的限值(4‰)。

6. 重大风险源及应对措施

本站周围邻近建筑物较多,影响范围内主要建筑物有古井假日酒店裙楼(6层)、圣大国际(18层)、回迁楼(6层)。古井假日酒店距离车站主体结构约 7.1 m,圣大国际距离车站主体结构约 16.8 m,回迁楼距离车站主体结构约 5.8 m。在施工过程中,可能会引起地面沉降过大、建筑物基础下沉、倾斜过大、结构裂缝过大甚至倒塌等风险,因此对这三个重大风险源需重点关注,也对这三个重大风险源提出了相应的建议措施。

（1）开挖前要对建筑物进行质量检测，包括建筑物结构类型、使用年限、基础类型等，做好记录和拍照工作，施工中加强对建筑物的宏观检查。

（2）车站在临近高层建筑物及阴角范围内应对土层进行加固，加固范围为地表下 6m 到中风化岩层，主要加固地层为粉细砂、粉土、强风化泥质砂岩等，必须保证达到设计及相关规范要求的加固质量。

（3）根据现场监测情况，如有必要，可以对建筑物进行地基加固处理。

（4）基坑范围内粉土层、粉细砂层是承压水的含水土层，经分析，在地下水作用下上述土层自稳能力较差，易发生涌水、流砂、涌土等现象，从而导致基坑侧壁坍塌，因此上述土层需要采取相应措施降低开挖基坑底面以下承压水，以保证基坑的稳定，地下连续墙施工时应特别注意严格控制质量，确保地墙不渗不漏，如发现漏砂漏水，应及时堵漏。

（5）注重在车站基坑开挖过程中土体、建筑物的现场监测工作，第一时间掌握第一手资料。

（6）注意盖挖逆作各层板与围护结构顶紧密实，减少基坑变形；结构施工完毕，混凝土达到设计强度后，应及时铺设防水层、回填覆土，避免结构不均匀受力，回填土应分层夯实。

（7）制定施工、风险预案，明确负责人，保证应急使用的土层加固设备、水泥等物资充足、到位。

3.3.2　逆作法基坑施工变形控制技术

本工程的重点在于盖挖逆作施工土石方开挖，土石方开挖制约着总体工期，选择较为优异的开挖方式能有效地解决土石方开挖问题。

总体上先 1 号线后 2 号线，1 号线先从 1 号风亭开始，随后开挖 2 号线西端头、1 号线与 2 号线相交部位，接着向 1 号线南北两端开挖，同时 2 号线依次向东开挖。

拉槽开挖冠顶土方→负一层土方开挖→地模浇筑负一层底板→浇筑负一层侧墙→负二层土方开挖→地模浇筑负二层底板→浇筑负二层侧墙→负三层土方开挖→地模浇筑负三层底板→浇筑负三层侧墙→负四层土方开挖。

1. 分层、分段开挖

（1）施工分层

车站开挖分层如表 3-9 所示。

表 3-9 车站开挖分层表

项　目	开挖分层	开挖高度(m)	开挖范围
1号线车站分层厚度	第一层	4.90	地面至顶板底
	第二层	6.85	顶板底至负一层底板底
	第三层	5.30	负一层底板底至负二层底板底
	第四层	6.80	负二层底板底至负三层底板底
	第五层	7.85	负三层底板底至负四层底板底
2号线车站分层厚度	第一层	4.50	地面至顶板底
	第二层	6.85	顶板底至负一层底板底
	第三层	5.30	负一层底板底至负二层底板底
	第四层	7.60	负二层底板底至负三层底板底
1号风亭分层厚度	第一层	6.00	地面至顶板底
	第二层	5.55	顶板底至负一层底板底
	第三层	6.10	负一层底板底至负二层底板底

(2)施工分段

主体结构工程分段施工,沿车站纵向划分为长度大至相等的施工单元,土方开挖根据出土孔的布置分段与主体结构相对应。各施工段土方开挖量如表 3-10,土方开挖分段划分图如图 3-29 所示。

表 3-10 各施工段土方开挖量表

分段	面积(m²)	第一层(m³)	第二层(m³)	第三层(m³)	第四层(m³)	第五层(m³)	盖挖量(m³)	总方量(m³)
第一段	507	3042	2814	3093	—	—	5907	8949
第二段	1087	5326	7446	5761	7392	8533	29132	34458
第三段	2770(1721)	12885	18975	14681	20213	13510	67379	80264
第四段	990	4851	6782	5247	6732	7772	26533	31384
第五段	713	3208	4884	3779	5419	—	14082	17290
第六段	853	3735	5843	4521	6483	—	16847	20582
第七段	993	4468	6802	5263	7546	—	19611	24079
第八段	948	4266	6494	5024	7205	—	18723	22989
总计	8861(7812)	41781	60040	47369	60990	29815	198214	239995

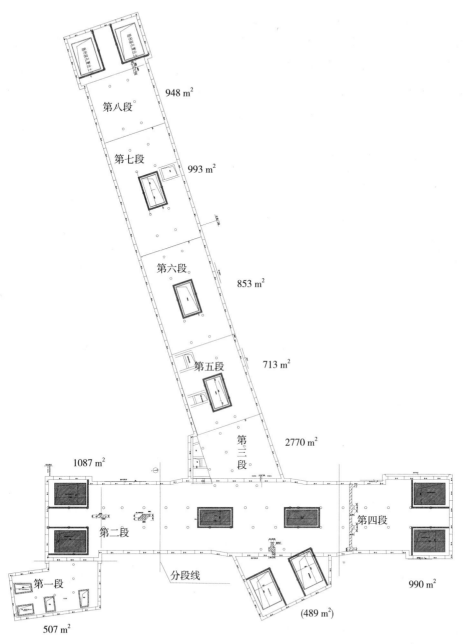

图 3-29　土方开挖分段划分图

2. 开挖方案

(1)出土口布置

为了方便施工,根据施工工艺及组织方案,优化了出土孔的布置。出土孔布置尽量结合楼板的永久孔如盾构吊装孔、楼扶梯孔等布置,减少临时开口量。通过优化设计,1、2号线分别设置了6个和7个出土口,其中8个利用盾构吊装孔兼做,剩余5个利用楼扶梯孔洞兼做,如图3-30所示。出土孔间距约40 m,满足施工工艺要求。另外,在出土孔周边的临时挡土结构设计时也采取措施,避免挡土结构与顶板钢筋连接,使得顶板防水卷材能够连通设置。

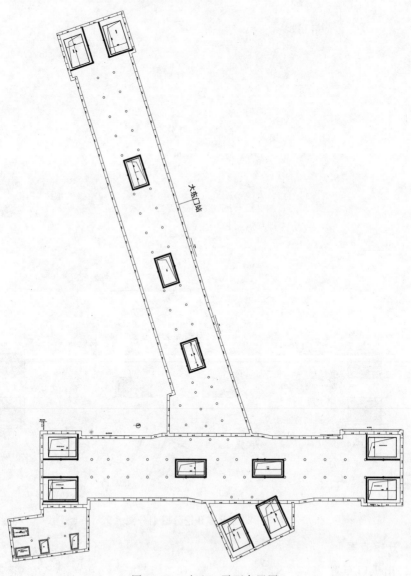

图3-30 出土口平面布置图

（2）机械配置

大东门站采用盖挖逆作法施工，土方开挖及出土效率是制约工期的关键因素，因此开挖机械、出土机械的选择显得至关重要。大东门站开挖机械、出土机械选择方案比较如表 3-11。

表 3-11　土方施工机械方案比较

项目	方　案	优　点	缺　点
挖土	方案一：小挖挖土	适合所有部位，方便灵活	作业效率低，挖软岩有难度
	方案二：上层小挖、下层大挖	优势互补	设备会有闲置
	方案三：大挖挖土	效率高，适于挖软岩	初期不易展开作业
出土	方案一：电葫芦	费用低，每台约 30 万元，至少需 5 台	故障率高，提升能力有限，卸土需人工配合
	方案二：龙门吊	提升能力大，故障少，能自动卸渣	费用高，每台需 160 万元
	方案三：轮胎式抓斗机	费用低，能自动卸渣，移动方便	抓斗方量小，月租赁费高（每台 6 万元）

根据现场实际情况，顶板以上土方挖土机械采用方案一，大挖机挖土直接装车运走。1、2 号线负一、二层挖土机械采用方案二，负三层为强风化泥质砂岩层，负四层为中风化泥质砂岩层（单轴抗压强度：天然状态下，R_a 为 2.80 MPa；饱和状态下，R_b 为 16.00 MPa），如图 3-31 所示。考虑到泥质砂岩强度相对较低，破碎锤破碎施工难度较小，而爆破施工需要提前办理爆破许可证，施工前期要按要求报备手续较多且控制严格，所以对强度较低的强风化泥质砂岩层采用 320 型挖机直接挖除，对强度较高的中风化泥质砂岩层采用破碎锤破碎，如图 3-32 所示。

（a）中风化泥质砂岩　　　　　（b）强风化泥质砂岩

图 3-31　强风化和中风化岩

顶板以下出土机械初步采用方案二和方案三,再根据通过设备提升能力的验算最终确定出土方式。

图 3-32 破碎锤破碎

通过设备提升能力验算可以得出抓斗出土方式能有效地保证节点工期,且移动方便(自带轮胎),可以自卸土方,安全性能好,只需挖机配合即可随意移动。

由表 3-11 可以看出,龙门吊每台需 160 万元,要满足工期要求需要 4 台龙门吊,总共 640 万元。轮胎式抓斗机每台月租赁费 6 万元,4 台即可满足工期要求,总共 216 万元。

由于本工程靠近南淝河,土方挖运采用船运能有效地解决土方运输问题,船运无污染,可以 24 小时作业。

综合工期及经济考虑,本工程顶板以下土方采用轮胎式抓斗机(图 3-33)进行抓土,土方外运采用船运。

图 3-33 抓斗施工直观图

（3）顶板以上土方开挖

顶板以上土方采用挖机开挖，装车直接运至码头装船。开挖时放坡，坡比为 1∶1，开挖顺序同上。开挖机械为 2 台大挖配 16 台自卸车（直接运走，场内短驳 6 台，配装载机）。顺出土方向预留自卸车上下的坡道，必要时坡道用三七灰土硬化。每次开挖长度不小于 30 m。

（4）板下土方开挖

每层板下土方均先将出土孔处土方向下挖深 3 m 左右，然后将 1 台小型挖机放入孔内向四周拓展，并逐渐将第 2、3 台小挖机及 2 台大挖机放入。土方先用小挖机开挖，大挖机接力倒运，土方堆放在孔口用抓斗抓出，孔口放 1 台容积为 2 m³ 的抓斗，土方抓出后直接卸在自卸车上运至码头装船，如图 3-34 所示。

图 3-34　板下土方开挖及外运流程

每层土方分两次开挖，第 1 次开挖深度 3 m，开挖时放坡，坡比为 1∶1.5～1∶2，先挖中间部位土方，再开挖两侧土方。每个孔口负责开挖至相邻孔口中间部位土方，先开挖孔口要超出中间部位 1 m，以方便顶板、底板接头作业，土方开挖横向和纵向示意图见图 3-35 和图 3-36。

钢管柱周边土方要一次性挖除，避免偏载造成钢管柱变形，开挖时注意保护抗浮桩引出的监测线缆。开挖时注意保护降水孔管。

负三、四层进入中风化岩中，挖机开挖有难度时，采用破碎锤破碎方案。

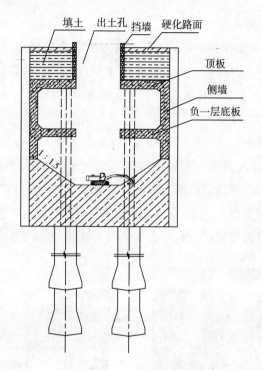

图 3-35 土方开挖横向示意图

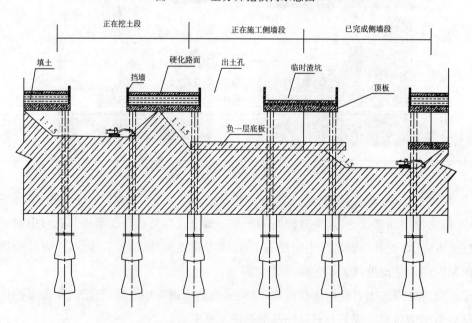

图 3-36 土方开挖纵断面示意图

3. 中板施工技术

盖挖逆作施工时各层板起了围护结构内支撑的作用,如果采用搭设支架模板的方法,每层板至少要超挖 2 m 才能有支模空间,会大大增加每层土开挖的深度,势必引起围护结构及周围土体过大变形,不利于施工安全,且还需增加支模费用、延长施工周期。为此,本项目中板采用地模技术施工。开挖至距板、梁底设计标高 15 cm 处,通过测量采用小型挖机配合人工清理基底达到设计标高,根据基底的情况控制地模混凝土厚度。地模采用 C20 细石混凝土,厚度控制在 10～20 cm,如图 3-37 所示。

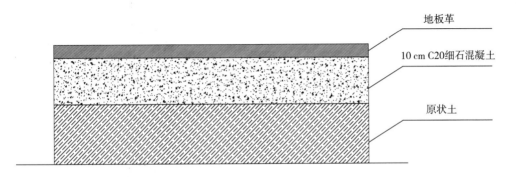

地板革

10 cm C20 细石混凝土

原状土

图 3-37　地模示意图

为了保证地模混凝土施工标高,浇注混凝土前通过测量在横向、纵向每 2 m 位置插一根钢筋并缠上有色胶布作为标高控制线,地模混凝土强度达到强度要求后,在地模混凝土表面铺设地板革(图 3-38),确保主体结构与地模隔绝,能够保证土膜顺利脱落。

图 3-38　现场地模施工图

顶板与中层板地模施工开挖至土模施工所需标高,人工找平,采用横向分块浇筑 10 cm 厚的 C20 细石混凝土、整平,用靠尺精确抹平收光,待混凝土达到一定强度后,采用 107 胶将地板革粘贴在混凝土表面,地板革接缝采用透明宽胶带再次连接,连接前应排空绝缘板与混凝土表面间的空气,确保密贴。

根据车站设计轴线先开挖钢管柱梁、底梁土方,通过支立模板来保证梁边线位置准确(图 3-40)。混凝土与梁边齐平,然后在梁体底面浇注 10 cm 厚的 C20 细石混凝土,施工至设计标高后,再施工下翻梁倒角斜面,待混凝土达到一定强度后对下翻梁倒角进行收面处理,直至混凝土强度达到施工要求后铺设地板革。

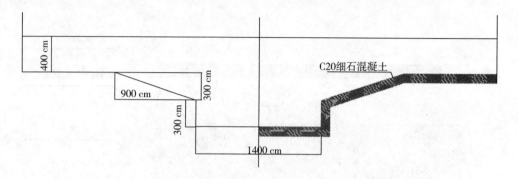

图 3-39　钢管柱梁、底梁土模施工

边梁底模由于盖挖逆作的施工特性,边梁位置每次都会超挖 50 cm,通过灌水密实的方法来确保边梁底强度。

3.3.3　基坑变形的实测分析

测点布置应根据施工阶段,如交通导改、管线迁移、结构施工的走向等条件布设,遇到障碍物可适当做调整,并且时刻保持布点图的更新,与实际保持一致。

1. 监测点布设原则

监测点布置应能反映监测对象的实际状态及变化趋势,监测点应布置在内力及变形关键特征点上,并应满足监控要求。

(1)基坑工程监测点设置应不妨碍监测对象的正常工作,并应减少对施工作业的影响。

(2)监测标志应稳固、明显、合理,监测点位置应避开障碍物,便于观测。

(3)在满足监控要求的情况下,应尽量减少在材料运输、堆放、作业密集区布设监测点,避免监测点破坏,提高监测点成活率。

2. 监测点数量统计表

监测点(孔)统计如表 3 - 12 所示。

表 3 - 12　车站监测点(孔)统计表

序　号	监测项目	监测点编号	点(孔)数
1	墙顶位移	ZQS1 - 46	46
2	墙顶沉降	ZQC1 - 46	46
3	围护墙深层水平位移	ZQT1 - 46	46
4	土体深层水平位移	TS1 - 27	27
5	钢管柱沉降	LZC1 - 26	26(组)
6	地表沉降	DB(截面)-点号	251
7	地水位	SW1 - 27	27
8	建筑物变形	J1 - 29	29
9	围护结构内力	ZQL1 - 46	46(组)
10	压顶梁内力	LB1 - 18	18
11	坑底隆起	LQ(断面)-点号	7 组

3. 监测结果分析

根据监测结果可知,基坑周边地表最大累计沉降量为 -27.3 mm,最大变形速率为 -0.32 mm/d,小于规范要求的控制值,如图 3 - 40 所示。古井酒店最大累计变形为 -6.9 mm,最大变形速率为 -0.16 mm/d;圣大国际最大累计变形为 -6.6 mm,最大变形速率为 -0.32 mm/d;金利银鹭酒店最大累计变形为 -3.8 mm,最大变形速率为 -0.14 mm/d,均小于规范要求的控制值。最大倾斜度为 2‰左右,建筑物倾斜度时程曲线如图 3 - 41 所示。周边地下管线最大沉降量为 -8.94 mm,周边管线沉降时程曲线如图 3 - 42 所示。基坑围护结构水平变形,最大累计变形量为 +21.55 mm(向基坑内侧),最大变形速率为 +0.34 mm/d,小于规范要求的控制值。立柱桩整体发生隆起变形,基坑开挖完成时坑底土体卸载回弹变形结束,立柱桩最大隆起量为 7.3 mm,后期车站主体施工期间对坑底土体为再压缩过程,立柱桩隆沉时程曲线如图 3 - 43 所示。总之,所有监测均在正常范围之内。可见,本项目采取的变形控制措施是合理的,能够满足复杂环境下深基坑变形控制的要求。

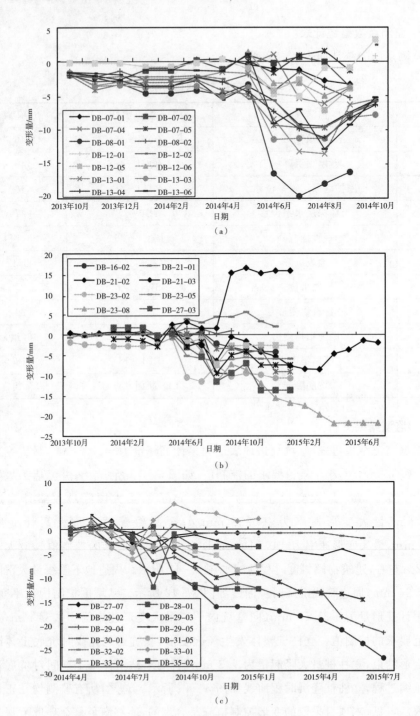

图 3-40　建筑物沉降时程曲线

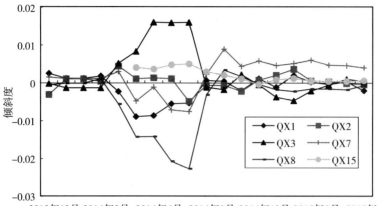

图 3 - 41　建筑物倾斜度时程曲线

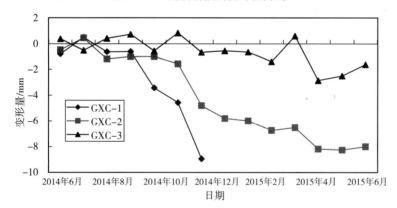

图 3 - 42　周边管线沉降时程曲线

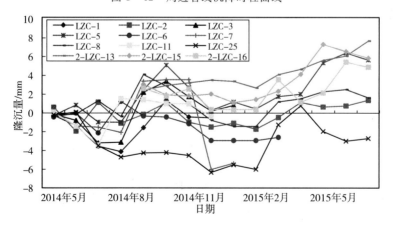

图 3 - 43　立柱隆沉时程曲线

3.4 本章小结

合肥市轨道交通大东门站具有上软下硬复合地层、开挖深度大(最大开挖深度达 33.1 m)、周围环境复杂、保护等级高、地层偏载明显等特点,变形控制难,为了控制变形,保护周围环境,提出了以下主要措施:

(1)采用盖挖逆作法进行车站施工。

(2)结合大东门站地层应力分析,在盖挖逆作法基础上,提出在临近既有建筑物和南淝河增设高压旋喷桩的控制措施,以达到控制偏载情况下深基坑开挖施工引起的地层变形。

(3)为了提高复合地层下地下连续墙的接头施工质量,提出采用"十"字钢板的接头形式。

(4)针对砂性地层易发生槽壁坍塌及岩层中成槽效率低的问题,通过研究分别提出了槽壁旋喷桩加固以及成槽机加冲击钻的成槽工艺,不仅提高了施工效率,施工质量也能达到很好的保证。

(5)通过采用数值模拟的方法,分析了盖挖逆作法基坑施工对周围既有建筑物的影响,结果表明,引起的变形都在允许范围之内。

(6)通过优化出土口位置、岩层中开挖机械配置以及采用中板地板革地模施工技术,有效控制了开挖引起的周围环境变形。

(7)由现场监测结果可知,基坑周边地表沉降、建筑物变形、围护结构侧向变形等都在正常范围之内,进一步验证了本项目研究成果的适用性,具有一定的推广应用价值。

(含第三章部分图片)

第4章 上软下硬地层扩底灌注钢管桩高精度施工技术

采用超深盖挖逆作法施工时,车站结构柱不仅要承受施工期间的荷载,还充当正常使用阶段的抗拔和承载作用,承载力要求高。另外,结构柱为基坑开挖前施工,施工精度要求高。合肥地铁大东门站由于承载了需要布置的大量扩底灌注钢管桩,其施工质量和施工精度是保证车站结构正常使用的重要举措,为此需开展上软下硬地层中扩底灌注钢管桩高精度施工技术研究。

4.1 上软下硬地层扩底灌注桩施工技术

合肥地铁大东门站基坑采用盖挖逆作法施工,受顶板上方寿春路下穿桥标高的影响,施工期间车站顶板上的覆土较厚(局部达5.3 m),施工期间钢管柱桩基的竖向承载力特征值较大,为11760~13500 kN;在正常使用期间,车站顶板上方局部覆土厚度仅约1 m,桩基础兼作抗拔桩使用,需要的抗拔承载力标准值为14130~17650 kN。由于桩端进入了中风化岩层,按嵌岩桩设计。如果采用普通的扩底桩基,桩径为2 m,扩底直径为3 m,桩长需26.5~33 m。本项目通过采取先进的扩孔设备和技术,实现了岩层中两次扩孔施工(图4-1),最后确定桩长为20~25 m,单桩长度缩短了33%,混凝土用量减少了30%,单桩造价节省约20%。大东门站扩底桩统计情况见表4-1,纵断面和扩底桩示意图分别见图4-2和图4-3。

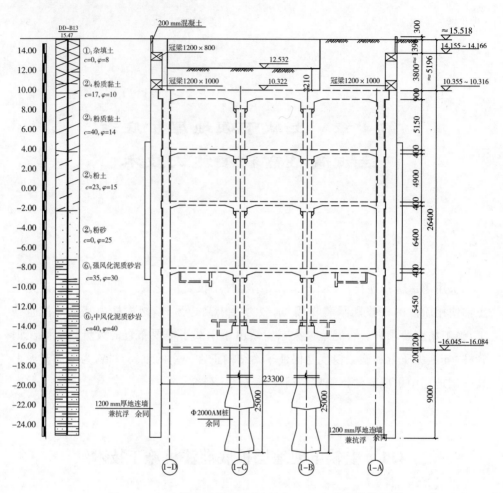

图 4-1　两次扩孔灌注桩(尺寸单位:mm,标高单位:m)

表 4-1　扩底桩统计表

桩型	桩径 (mm)	扩大头 个数	扩大头 直径(mm)	扩大头位置	根数	有效 桩长 (m)	孔深 (m)	入岩深度 (m)	备注
Z1-1	2000	2	3000	桩底及其上 9.4m 处	35	25	约 56	约 35	
Z1-3	1800	1	3000	桩底	1	18	约 50	约 30	
Z1-4	2000	1	3000	桩底	6	20	约 51	约 30	
Z2-1	2000	2	3000	桩底及其上 9.4m 处	51	20	约 51	约 30	
Z3-1	1800	1	3000	桩底	4	18	约 50	约 30	

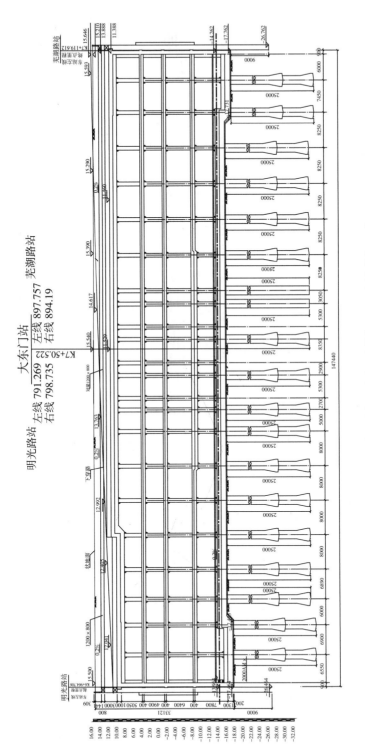

图4-2　大东门站1号线车站纵断面图（尺寸单位：mm，标高单位：m）

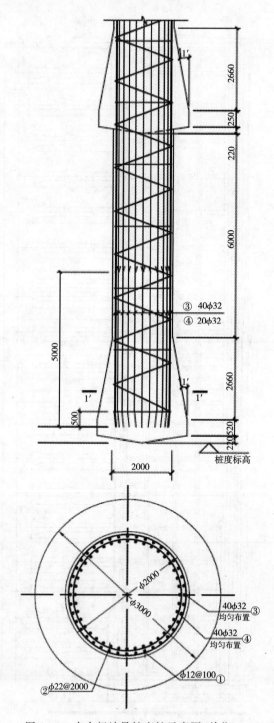

图 4 - 3　大东门站号扩底桩示意图(单位:mm)

本工程桩基底部坐落在中风化泥质砂岩层,该岩层的单轴抗压强度达到 2.45 MPa,上部穿越软土、砂土等易坍塌地层,也即穿越地层具有明显的上软下硬特性。为了实现上软下硬复合地层中扩底灌注桩的顺利成孔,研发了三段式扩底桩成孔施工工艺,即浅层旋挖钻机成孔、深层冲击钻成孔和可视全液压扩底旋挖钻机扩孔,不仅保证了中风化泥质岩层中灌注桩成孔和扩孔质量,也保证了施工精度。

4.1.1　扩底灌注桩试桩

结合本工程所处的地层特性(上软下硬)、桩基类型(两次扩孔)、桩基的施工精度(垂直度小于 1/300)等,通过对比分析,提出采取浅层软土层旋挖钻机成孔、深层硬质风化岩中冲击钻成孔以及可视全液压扩底旋挖钻机扩孔的三段式施工工艺。为了掌握机械设备配置、成孔质量和效率,进行了现场试桩。

1. 试桩目的

(1)确定可视全液压扩底旋挖钻机 AM6200、旋挖钻 SWDM-28、冲击钻 CZ-8 在穿越各土层中的适应性。

(2)确定成槽过程中泥浆配比。

(3)确定扩底桩施工时的各项参数和需采用的配套设备。

2. 试桩准备

(1)人员准备

项目管理人员已进场,扩底桩及钢管柱安装施工队伍已确定且已进场。

(2)设备准备

现场采用的材料和设备如表 4-2,可视全液压扩底旋挖钻机见图 4-4。

表 4-2　材料及机具设备

序号	名　称	规格型号	数量	备　注
1	可视全液压扩底旋挖钻机	AM6200	1 台	——
2	旋挖钻机	SWDM-28	1 台	——
3	冲击钻机	CZ-8	1 台	——
4	泥浆测试检测设备	——	1 套	泥浆比重秤、筛析法含砂量仪及 pH 值试纸等
5	导管等混凝土灌注设备	——	2 套	——
6	全站仪	——	1 台	——
7	红外线水平仪	LS627	1 台	——
8	超声波检测仪	UDM150Q	1 台	——
9	钢管柱	——	3 根	——

图 4-4　可视全液压扩底旋挖钻机

（3）技术准备

膨润土：湖南出产的 200 目商品膨润土；水：自来水；分散剂：火碱（Na_2CO_3）；增黏剂：羧甲基纤维素（CMC）（高黏度，粉末状或絮状）；泥浆配合比现场试验确定。

（4）场地准备

本工程施工采用一次围挡方案，场地范围已经全面封闭，场地范围内管线、绿化迁移已完成，交通运输条件发达，能满足试桩需要。

3. 试桩方案

（1）试桩位置的选择

考虑到合肥地铁大东门站 1 号线车站深度大，为了确保达到预设的效果，结合现场施工情况，拟对编号对 AMZ1-3、AMZ1-4、AMZ1-5 的扩底桩进行试桩，如图 4-5 所示。

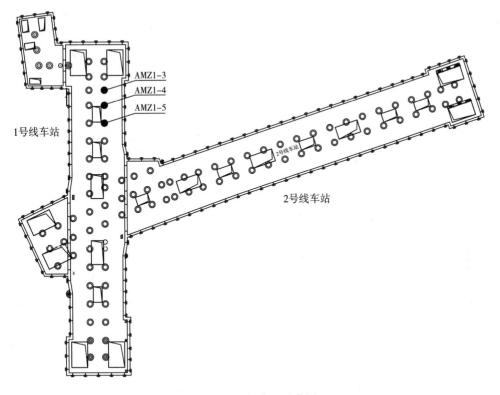

图 4-5　试桩位置示意图

AMZ1-3、AMZ1-4、AMZ1-5 对应的扩底桩为 Z1-1 型:桩径为 2000 mm、两层扩底扩大头直径为 3000 mm、孔深约 56 m、入岩深度约 35 m;对应的钢管柱为 GGZA-2 型:柱径为 900 mm,柱长约 28.25 m。

（2）试桩过程

本次试桩从 2013 年 1 月 2 日至 2013 年 2 月 3 日,共试桩 3 根。具体施工情况总结如下。

① 泥浆配置

2013 年 1 月 1 日开始拌制泥浆,实际配置是 2.5 m³ 水、150kg 膨润土、3kg CMC 溶液、6kg 火碱。水、膨润土、火碱、CMC 的配置比例为 830∶50∶2∶1,膨化到一定程度即开始成孔施工。

② 第一次试桩

第一次试桩的扩底桩编号为 AMZ1-3(Z1-1、GGZA-2),试桩情况统计如表 4-3 所示。

表 4-3　第一次试桩情况统计表

阶　段	穿越地层	使用设备	施工工效	备注
第一阶段	地面至强风化岩顶	旋挖钻机	5.20 m/h	—
第二阶段	强风化岩	旋挖钻机	1.00 m/h	—
第三阶段	中风化岩	旋挖钻机	0.11 m/h	—
第四阶段	中风化岩	冲击钻	0.12 m/h	—
第五阶段	中风化岩	可视全液压扩底旋挖钻机	4.00 m/h	扩孔

③ 第二次试桩

第二次试桩的扩底桩编号为 AMZ1-4(Z1-1、GGZA-2),试桩情况统计如表 4-4 所示。

表 4-4　第二次试桩情况统计表

阶　段	穿越地层	使用设备	施工工效	备注
第一阶段	地面至强风化岩顶	冲击钻	2.00 m/h	—
第二阶段	强风化岩	冲击钻	1.50 m/h	—
第三阶段	中风化岩	冲击钻	0.15 m/h	—
第四阶段	中风化岩	可视全液压扩底旋挖钻机	4.00 m/h	扩孔

④ 第三次试桩

第三次试桩的扩底桩编号为 AMZ1-5(Z1-1、GGZA-2),经过对两次试桩情况的分析可以得出以下结论:土层成孔旋挖钻效率(5.2 m/h)远高于冲击钻效率(2.0 m/h),因此建议使用旋挖钻施工;中风化岩层旋挖钻施工困难,建议使用冲击钻施工。第三次试桩情况统计如表 4-5 所示。

表 4-5　第三次试桩情况统计表

阶　段	穿越地层	使用设备	施工工效	备注
第一阶段	地面至强风化岩顶	旋挖钻机	4.50 m/h	—
第二阶段	强风化岩	冲击钻	2.00 m/h	—
第三阶段	中风化岩	冲击钻	0.13 m/h	—
第四阶段	中风化岩	可视全液压扩底旋挖钻机	4.00 m/h	扩孔

4. 试桩结论

通过本次试桩施工,确定了上软下硬复合地层中扩底灌注桩施工的工艺和相关参数,即等直径桩成孔采用浅层旋挖钻机成孔和深层冲击钻成孔,扩底桩采用可视全液压扩底旋挖钻机。具体参数如下。

(1)泥浆参数

水、膨润土、火碱、CMC 的配置比例为 830∶50∶2∶1。

新制泥浆及岩层泥浆参数如表 4-6 和表 4-7 所示。

表 4-6　新制泥浆参数

项　目	密度(g/cm³)	黏度	pH 值	含砂量(%)
指　标	1.04～1.05	20～24	8～9	<1

表 4-7　岩层泥浆参数

项　目	密度(g/cm³)	黏度	pH 值	含砂量(%)
指　标	1.12～1.20	20～24	8～9	<4

(2)成桩功效

先采用普通旋转钻机加冲击钻进行等直径桩成孔,使用普通旋转钻机至距离强风化岩面以上 3 m 处(旋挖钻在施工土层和岩层结合部位时,由于岩面不平整,容易偏孔,一旦偏孔,由于导向作用,冲击钻施工会继续偏孔),随后更换冲击钻机完成中风化岩层的成孔,最后再利用可视全液压扩底旋挖钻机进行扩底施工。

上部土层约 18 m 深:旋挖钻施工 4 h;

强风化岩层约 6 m 深(含 3 m 土层):冲击钻施工 3 h;

上部中风化岩层约 24 m 深:冲击钻施工约 104 h;

下部中风化岩层约 8 m 深:冲击钻施工约 100 h;

两次扩孔:可视全液压扩底旋挖钻机施工约 8 h。

合计施工 219 h,约 9.2 天,考虑到设备调配等因素,56 m 扩底桩每台套设备成孔效率约为 10 天/根。

4.1.2　三段式扩底桩施工技术

1. 施工工艺

本项目提出的上软下硬复合地层中扩底灌注桩施工工艺及施工顺序如图 4-6 和图 4-7 所示。

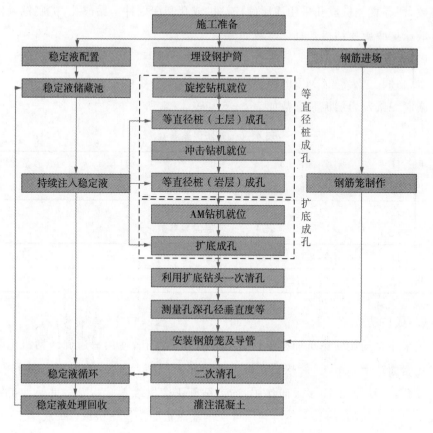

图 4-6 三段式扩底桩施工工艺流程

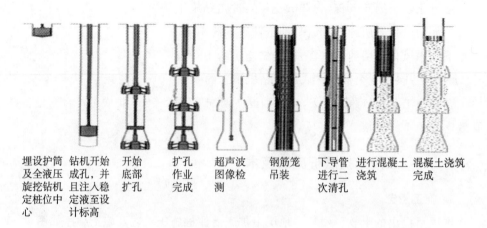

图 4-7 施工顺序

2. 埋设钢护筒

(1)测量放线

采用全站仪对钻孔桩桩位放样,做好保护措施及复核,并请监理单位进行现场复核、签证。

桩位中心点处用红漆做出三角标志。

桩位放好后应及时处理,打好"十"字控制桩,并做好保护措施。

(2)埋设护筒

护筒采用 20 mm 钢板制作,上部做 1～2 个溢浆孔。考虑到本工程钢管柱顶在地面以下 6 m,安装钢管柱后需拆除钢管柱的送柱工具柱,因此有钢管柱的钻孔灌注桩钢护筒长度应不少于 8 m,护筒直径应比桩直径大 200 mm,确保工人入孔内操作安全。

桩位测量放样后用旋挖钻机钻孔至钢护筒需埋设深度,旋挖钻机移开,液压垂直插入机就位。液压垂直插入机的定位器中心与桩位中心对齐,控制护筒中心位置,就位后液压垂直插入机驱动钢护筒 360°旋转沉入钢护筒至地面以下 7.5 m,护筒埋设后移除液压垂直插入机。

护筒顶部应比原始地面高出 100 mm 以上,以达到控制地面渣土及浆液流入孔内的目的。

埋设护筒后,根据"十"字引桩复核护筒中心,其中心线与桩位中心线距离不得大于 20 mm,且护筒与周围垂直,护筒周围应采用黏土夯实。

3. 等直径桩成孔

(1)钻机就位

钻机定位时,为保证钻机的稳定性,根据施工现场作业条件,如场地较差的,为改善施工作业场地的地质条件,在钻机下垫枕木,增加钻机与地面的接触面积,防止施工中土体不均匀沉降而造成钻机不稳。

在钻机与滚筒之间下垫木垫块来调节钻机的平衡度,防止施工出现偏孔。

利用四角护桩核对桩位,如偏差较大则需要立即调整钻机的水平度,保证钻机的垂直偏差不大于 20 mm。

施工过程中定期复测,防止护桩偏移造成桩位出现偏差。

(2)成孔施工

护筒埋设完毕后,用泥浆泵向孔内注入稳定液,使用旋转钻机至强风化岩面上 3 m 处(图 4-8),随后更换冲击钻机完成强风化和中风化岩层的成孔(图 4-9)。

钻进过程中严格控制稳定液的质量,及时向孔内注入稳定液使孔内水位高出地下水位2m以上。图4-9为现场施工图。

等径桩成孔至设计深度

图4-8　等直径桩成孔

图4-9　现场施工图

旋挖钻机钻孔过程中,用两台经纬仪随时检测钻机钻杆的垂直度,当钻孔有倾斜时,可往复进行扫孔修正,直至垂直度符合要求。

冲击钻成孔过程中经常检查钢丝绳在锤头冲击前后的状态,必要时采用超声波检测仪进行垂直度检测,确保成孔垂直度满足要求。

在成孔过程中或成孔后若发生孔壁坍塌,轻度塌孔应加大稳定液密度和提高水位,严重塌孔应回填黏土,等待一定时间后采用低速钻进。

钻孔时经常检查稳定液的性能,当各项指标超过上下限时,应及时调整。

4. 扩底

扩底采用可视全液压扩底旋挖钻机(图4-10)进行,该设备采用更换扩底魔力铲斗进行扩底成孔作业,在自动管理中心的指挥下,回转扩底铲斗在进行旋转中切削土体实现扩孔作业,铲斗的刀排镶嵌钛合金,被平均分成四份进行岩土的切削挖掘,实施水平扩底,其间产生的岩土砂砾被铲斗所容纳,收回铲斗,带到地面。操作人员只需要按照设计要求预先输入电脑的扩底数据和形状进行操作,桩底端的深度及扩底部位的形状、尺寸等数据和图像能通过检测装置显示在操作室里的监视器上(图4-11),全程可视化施工,施工质量有保障。

图4-10 可视全液压扩底旋挖钻机

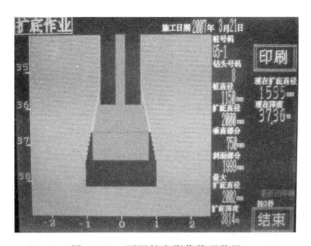

图4-11 可视扩底影像管理装置

可视全液压扩底旋挖钻机钻孔护壁采用人造稳定液,稳定液密度应控制在 1.2 g/cm³ 以内。清孔时将扩底魔力铲斗(桶式,带挡板)放至孔底,通过铲斗旋转钻进渣土达到清孔目的。安装钢筋笼后采用反循环进行二次清孔。

5. 施工质量控制技术

(1)施工精度控制

由于基坑开挖深度大,钻孔桩上部空钻最大达 33.5 m 左右,为保证基坑底部桩中心尺寸的准确,必须保证灌注桩的垂直度偏差不超过 1/300,因此成孔时采取了以下措施保证成孔精度:①旋挖钻机必须采用高精度旋挖钻机,旋挖钻机的垂直仪垂直精度不得大于 1/500,同时在成孔过程中采用两台经纬仪复核钻机钻杆的垂直度;②成孔至桩顶标高后采用超声波检测仪复核成孔垂直度,确保桩顶部位的孔位准确,对于垂直度无法满足设计要求的,需进行扫孔修复直至满足设计要求。

(2)稳定液的管理

扩底桩护壁采用人造稳定液,稳定液比重应控制在 1.2 以内,并具有以下性能:

① 以膨润土、水、CMC 为主要材料,可使其碎屑的沉降速率减缓,清孔容易。

② 使孔壁表面在钻孔开始、钻孔完成、钢筋笼下放到混凝土灌注完成时能够保持长时间稳定。

③ 具有与混凝土相混合的特性,利用亲液胶体性质,能够被混凝土代替而排出。

④ 稳定液灌入孔中,在成孔过程中渗入土层中,能够增加地基的强度,防止地下水流入孔内。

⑤ 由于可视全液压扩底旋挖钻机是原始土挖掘钻进,然后灌入稳定液,属静态泥浆,通过浇筑混凝土将孔内的稳定液排出,经过稳定液净化装置,使稳定液可重复使用。

(3)稳定液的配制

① 稳定液的储存

稳定液的储存可采用稳定液储存池或稳定液储存箱。

② 稳定液的配制

稳定液是将膨润土、羧甲基纤维素(CMC)、烧碱、水按一定比例配制而成,一般为水、膨润土、火碱、CMC 的配合比 830∶50∶2∶1。

③ 配制稳定液的主要技术指标

稳定液的主要指标见表 4-8。

表 4-8　稳定液的主要指标

稳定液性能	允许范围		处理办法
	下限	上限	
黏度(Pa·s)	18	28	添加膨润土、CMC,补充新液、水
密度(g/cm³)	1.1	1.2	添加膨润土、黏土
含砂率(%)	0	4	脱砂
pH 值	7	9	添加烧碱、水

(4)稳定液的回收使用

将施工中使用过的稳定液,利用泥浆泵抽回稳定液储存池或稳定液储存箱,再经过综合旋流振动筛进行净化脱砂处理继续循环使用。

(5)钢筋笼的制作

① 钢筋笼的最大长度约 27 m,主筋制作中可采用搭接焊或机械接头,并应符合设计及施工规范要求,搭接焊或机械连接应先进行试焊送验,合格后方可使用。

② 钻孔灌注桩主筋净保护层厚度为 70 mm,箍筋与主筋均采用电焊连接,钢筋主筋上每隔 4 m 设置一道混凝土滚轮垫块,沿钢筋笼四周均布置 4 块。

③ 钢筋焊接过程中应及时清除焊渣,钢筋笼螺旋筋与主筋全部采用点焊,焊接必须牢固。

④钢筋笼制作允许偏差应符合《建筑地基基础工程施工质量验收规范》(GB 50202—2002)的相关规定。

⑤ 制作的钢筋笼要分组堆放在钢筋场地上施工,不得变形。

⑥ 超声波管的制作必须焊接牢固、密封,不得漏浆。

(6)钢筋笼的安装

钢筋笼的安装必须符合设计和施工规范要求,要严格执行《混凝土结构工程施工规范》(GB 50666—2011)。在吊放钢筋笼时,整体吊装要严防碰撞,不得变形。考虑钢筋笼自重约 15 t,起重高度在 27 m 以上,吊车选择不少于 100 t(主臂长度为 33 m,作业半径为 18 m,起重量为 28 t),在吊放钢筋笼时,采用 100 t 单机双勾抬吊,共分 4 个吊点,以 100T 履带吊主钩为主吊,主吊点位置距上端在 1.2 m 处,副钩吊有 3 个点(图 4-12)。

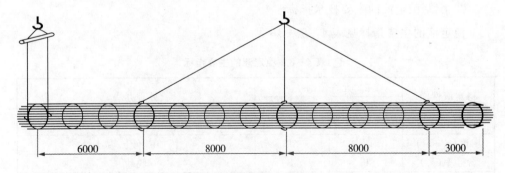

图 4-12　钢筋笼吊装图(单位:mm)

(7)安装导管

钢筋笼安装完成后,应尽快安装导管,并严格控制孔底沉渣。另外,在导管使用前须经过压水试验,试水压力为 0.6~1.0 MPa,导管接头用螺纹连接方式并加"O"形密封圈,各接头必须扭紧,严防漏气、漏水,用完后要清洗干净。同时,吊放导管应位置居中,稳步沉放,防止卡挂钢筋笼,导管距孔底 300~500 mm。

(8)二次清孔

二次清孔宜采用气举反循环清孔设备,该设备主要包括空气压缩机、出水管、送气管、混合喷射器等。

气举反循环清孔的优点包括清孔时间短,较正循环清孔工效提高 5~10 倍,清孔彻底。

气举反循环清孔施工要点:出水管下放深度以出水管底距沉淤面 30~40 cm 为宜;送气管下放深度一般以混合喷射器至液面距离与孔深之比 0.55~0.66 来确定;开始送气时应先向孔内供稳定液,停止清孔时应先关气后断水;送气量应由小到大,气压应稍大于孔底水头压力。若孔底沉淤较厚、块度较大或沉淀板结,可适当加大气量,摇动出水管,以利排渣;随着沉渣的排出,孔底沉淤厚度减小,出水管应同步跟进,以保持出水管底口与沉淤面的距离;清孔中应注意保证补浆充足和孔内稳定液液面稳定;清孔后稳定液比重应小于 1.15,返稳定液比重小于 1.20,含砂率小于 4%,黏度为 18~22 Pa·s,孔底沉渣应小于 20 mm。

(9)混凝土灌注

清孔结束后必须在 30 min 内灌注混凝土,否则必须重新清孔,水下混凝土采用超缓凝混凝土,考虑灌注桩混凝土浇筑完成后安装钢管柱,混凝土的初凝时间控制在 36 h 以上,考虑钢管柱插入需要一定的时间,单桩浇筑混凝土的浇筑时间应控制在 4 h 以内。

混凝土灌注中应使用隔水板及隔水球,在灌注前首先把隔水球放入导管内,再在混凝土料斗内放入隔水板,待料斗放满混凝土后快速打开隔水板,使混凝土顺着隔水球往导管内下落。

首次混凝土灌注料不应小于计算初灌方量,混凝土必须连续灌入,控制导管埋深为 2~5 m。

严格检查混凝土的坍落度及和易性,坍落度一般控制为 18~22 cm。

在混凝土灌注中,技术人员要随时检查孔内混凝土上升的数字和灌注混凝土的数量,控制埋管深度,同时做好施工记录。

混凝土灌注时,提升导管要慢并且平稳,严防碰撞钢筋笼。

在保证桩头混凝土质量的前提下,最后一次混凝土浇灌量要考虑插入钢管柱所占体积。

4.1.3 现场实施效果

通过采用上述施工方法及工艺,大东门站扩底灌注桩顺利完成了施工,且现场施工质量良好(图 4-13)。另经过现场的载荷试验(后续详细介绍),扩底灌注桩的抗压承载力和抗拔承载力都满足设计要求。由此可见,项目提出的三段式施工技术能适应上软下硬复合地层扩底灌注桩的施工要求,且现场施工工效和质量良好,具有一定的推广应用价值。

图 4-13 施工完成的扩底灌注钢管桩

4.2　钢管桩高精度插入施工技术

大东门站为合肥市地铁 1 号线和 2 号线的换乘车站，1 号线车站结构为地下四层，2 号线车站为地下三层，采用盖挖逆作法施工，1 号线车站标准段开挖深度为 31.7 m，2 号线标准段开挖深度为 24.4 m。本工程钢管柱统计见表 4-9，最大长度为 31.1 m，钢管桩设计及实物图见图 4-14 和图 4-15。该钢管桩施工阶段承受所有上部荷载，在使用阶段其作为结构柱，因此承受荷载大（施工期间为 11760～13500 kN，正常使用期间为 14130～17650 kN），施工精度高（垂直度允许偏差不超过 1/1000），而目前国内同类技术的控制水平为 1/500 左右，为此需研究确定合理的高精度插入施工技术及方法，保证钢管桩的插入精度。

表 4-9　钢管柱情况统计表

序号	桩型/直径	柱型/直径(mm)	桩长(m)	柱长(含锥尖)(m)
1	Z1-1/2000	GGZA-1、2′/900	25	29.7
2	Z1-1/2000	GGZA-2/900	25	28.25
3	Z1-1、2/2000	GGZA-3、2″/900	25	29.65
4	Z1-1/2000	GGZA-4、4′/900	25	31.1
5	Z1-3/1800	FDGGZ-2/700	18	15.9
6	Z1-4/2000	GGZB3/800	20	23.65
7	Z1-4/2000	GGZB4、4′/800	20	29.65
8	Z2-1/2000	GGZB1、2′、3/800	20	23.65
9	Z2-1/2000	GGZB2/800	20	22.2
10	Z3-1、2/1800	FDGGZ-1/700	18	15.90

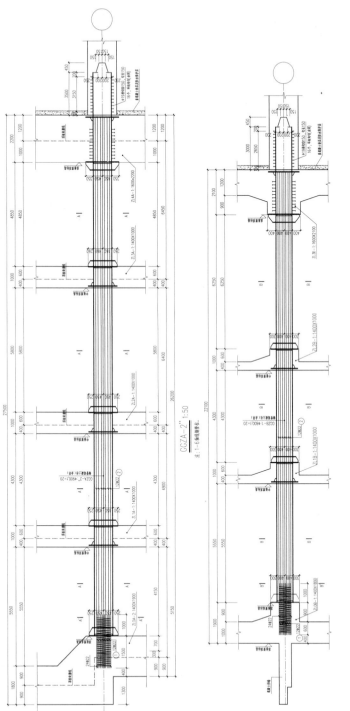

图4-14　钢管桩设计图

图 4-15 钢管桩实物图

4.2.1 高精度液压垂直插入机

1. 施工原理

高精度液压垂直插入机是利用两点定位原理,即插入机夹具点和钢管桩上监测点,通过插入机的夹具抱紧钢管柱上下往复运动将钢管柱向下插入,通过监控插入机夹具点和安装在钢管柱上的传感器来实时监控及调整钢管桩的垂直度和平面位置,在操作室利用电脑控制系统调整钢管柱垂直度及平面位置,同时还要结合人工测量的方法来保证钢管柱安装精度(图 4-16、图 4-17)。

图 4-16 液压垂直插入机

图 4-17 高精度液压垂直插入
机工作原理

2. 高精度液压垂直插入方法的优点

(1)垂直精度高,垂直度不超过$L/1000$(L为钢管柱长度)。

(2)定位准确,单柱安装施工周期短,大大缩短了施工工期。

(3)避免常规永久性钢管柱安装人工入桩孔内施工作业,降低安全风险。

3. 施工工艺流程

液压垂直插入钢管柱施工工艺流程见图4-18。

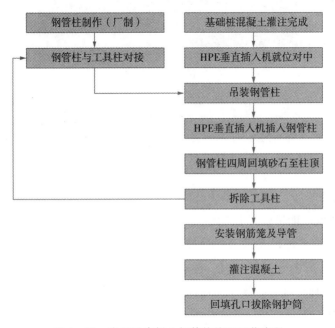

图4-18 液压垂直插入钢管柱施工工艺流程

4.2.2 液压垂直插入机施工技术

1. 试插入试验

为完善液压垂直插入钢管柱施工,熟练掌握液压垂直插入机的操作要领,并能及时进行钢管柱高精度插入施工,现场在进行扩底灌注桩试桩的同时还进行了液压垂直插入钢管柱的现场试验。

通过试桩试验得到以下结论:

(1)液压垂直插入机插入单根钢管柱的时间约为4 h。

(2)扩底桩混凝土缓凝时间应不小于36 h,且16 h后在不添加任何外加剂的情况下二次翻拌坍落度不少于120 mm,并具有足够的和易性,放置16 h不分层离析。

2. 钢管柱的制作

(1)钢管柱加工的制作

为确保钢管柱加工质量,钢管柱采用厂内加工,运至施工现场后经探伤检验合格后方能使用(图 4 - 19)。

图 4 - 19　钢管柱探伤检测

(2)工具柱的加工制作

工具柱长度应能保证其重复使用,一般按"柱顶至地面高度＋设备高度 4.5 m＋预留操作高度 1 m"计算,根据计算取最长的加工,工具柱的数量为 900 mm 的不少于 4 根,800 mm 的不少于 4 根,700 mm 的不少于 1 根,工具柱的直径、壁厚与钢管柱相同,钢管柱与工具柱对接时接头部位需增加内衬管,内衬管外径宜比钢管柱直径小 10～20 mm,便于工具柱与钢管柱对接。工具柱与钢管柱连接如图 4 - 20 所示。

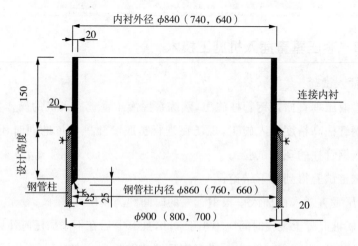

图 4 - 20　钢管柱与工具柱连接图(单位:mm)

钢管柱和工具柱的对接在专用的滚动平台上采用二氧化碳气体保护焊机进行焊接。

(3)钢管柱及工具柱加工要求

① 钢管柱对接的焊缝外表面必须光洁、平整,不得出现凹凸不平的现象。

② 对接钢管柱表面平整度要控制在 1/600 以内。

③ 纵面弯曲值:$F \leqslant 1/600$,$f \leqslant 5$。

④ 钢管柱椭圆度:$f/D \leqslant 3/600$。

⑤ 起吊挠度不大于 1/600。

3. 钢管柱插入段成孔直径

本工程钻孔灌注桩上部要插入钢管混凝土柱,而钢管柱的法兰盘最大直径为 1600 mm,钢筋笼内径仅为 1680 mm,两侧间隙为 40 mm,如增加超声波管或注浆管后就无法插入钢管柱,加上成桩的垂直度偏差需控制在 1/300 以内(国内最高精度),极易造成钢管柱安装偏差无法校正。为防止钢管柱偏差过大无法校正,需将钢管柱底标高以上成孔直径适当增大,安装法兰盘直径为 1600 mm,钢管柱的直径增大至 2300 mm,安装法兰盘直径为 1500 mm,钢管柱的直径增大至 2200 mm。在钢筋笼加工时对插入钢管柱部位的钢筋笼直径放大,做成喇叭口形式,即钢筋笼上口内径为 1920 mm,使钢筋笼与钢管柱法兰之间的间隙增大至 160 mm,成孔垂直度偏差 1/300 时,33.5 m 孔深偏差 120 mm,则还有 40 mm 的间隙允许钢筋笼安装偏差,同时在成孔过程中需严密注意成孔垂直度,成孔垂直精度必须小于 1/300,详见图 4 - 21。

4. 钢管柱插入施工工艺

(1)液压垂直插入机就位对中

扩底灌注桩混凝土灌注完成后,重新放出桩位中心,并将"十"字线标记在护筒上,如图 4 - 22 所示。复核桩位后,将液压插入机的定位器中心与基础桩位中心放在同一垂直线上,然后吊装液压垂直插入机就位(图 4 - 23),液压插入机根据定位器就位对中。

液压垂直插入机就位对中后,可手动、自动调整水平度,并重新复核中心位置,满足要求后即可吊装钢管柱入孔。

(2)吊装钢管柱

钢管柱对接工具柱后的长度超过 41 m,为保证吊装时不产生变形、弯曲,采用 150 t 主吊及 100 t 副吊多点抬吊,将钢管柱垂直、缓慢放入液压垂直插入机上。

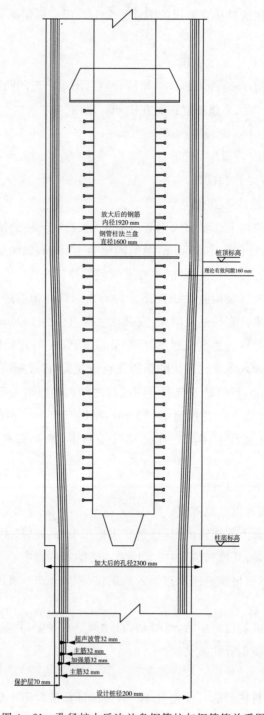

图 4-21　孔径扩大后法兰盘钢管柱与钢筋笼关系图

图 4-22　复测灌注桩中心

图 4-23　液压垂直插入机吊装就位

(3)液压垂直插入机插入钢管柱

钢管柱吊放至液压垂直插入机内(图 4-24),下入孔内至顶部下第二道法兰后,由液压垂直插入机抱紧钢管柱,并复测钢管柱垂直度,满足要求后垂直插入孔内。刚开始下放钢管柱时,由于钢管柱的自重,钢管柱能自由下入孔内一定深度,当浮力大于钢管柱重量后,液压垂直插入机将钢管抱紧(图 4 - 25),液压插入装置的下压力会将钢管柱下压插入孔内,当插至混凝土顶面后,重新复测钢管柱的垂直度,此时根据安装在钢管柱上的垂直仪来检测钢管柱的垂直度(图 4 - 26),测定的数据可根据电脑分析确定钢管柱的垂直度,即根据垂直插入机夹具点和钢管柱上传感器检测点来确定其垂直度,满足垂直度要求后继续下压插入至混凝土中,如不满足要求可调整液压垂直插入机的水平度直至钢管柱垂直度,满足要求后方可继续插入,如此反复直至将钢管柱插入至设计标高。

图 4 - 24　安装夹具

图 4 - 25　液压垂直插入机压入钢管柱

图 4-26　安装传感器

（4）钢管柱四周回填碎石

液压垂直机垂直插入永久性钢管柱后，根据设计图纸，钢管柱安装完成后在四周回填细沙，考虑到细沙在护壁稳定液中无法沉淀密实，在钢管柱安装后可对永久性钢管柱四周进行碎石回填，碎石的粒径不得大于 25 mm，一般采用 5～25 mm 连续级配的碎石，回填时碎石在钢管柱四周均匀填入，碎石回填至永久性钢管柱顶以下 500 mm。回填时排出的稳定液用泥浆泵抽至废浆池后外运清除。图 4-27 为回填碎石示意图。

（5）拆除工具柱

回填碎石（四周回填碎石已固定钢管柱中心位置）后，即可拆除上部送柱工具柱，人工割除永久性钢管柱与送柱工具柱连接部位，拆除工具柱后由吊车将液压垂直插入机移位即可。

（6）浇筑钢管柱内混凝土

拆除工具柱后，先下放钢管柱内的钢筋笼，采用吊筋将钢筋笼固定在钢管柱上口，控制钢筋笼顶标高，再下放导管进行钢管柱内的混凝土灌注，钢管柱内混凝土为干作业灌注，在灌注时需特别注意钢管柱法兰部位的混凝土密实度，当灌注到法兰部位时，需上下抽动导管使混凝土充分填筑法兰底部的空隙，混凝土浇筑至钢管柱顶以下 200 mm，便于后续接柱。

（7）回填孔口拔除钢护筒

钢管柱内的混凝土达到初凝后，对钢管柱内上口未浇筑混凝土回填细砂，便于今后开挖清理，其余部位回填碎石或易密实的砂土至孔口，拔除钢护筒。

(8)钢管柱顶保护

① 钢管柱混凝土浇筑完成后进行先期养护(至少1d)。

② 待混凝土初凝后对钢管柱四周进行回填处理,拔除钢护筒,方法如下:用碎石或砂回填至原始地面－200 mm处;浇注一层200 mm厚的C20钢筋混凝土,配置双层双向Φ16钢筋,防止大型机械行走对钢管柱的挤压造成变形。

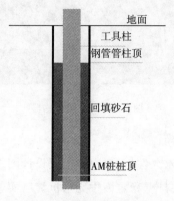

图4-27　回填碎石示意图

4.3　扩底灌注桩静载试桩检测

4.3.1　试验目的

确定单桩竖向抗拔极限承载力和抗压极限承载力,验证竖向抗压、抗拔承载力及桩体沉降变形是否满足设计要求。

4.3.2　试验方法选择和试验数量确定

由于本工程钻孔灌注桩试桩试验载荷较大,现场施工场地有限,且桩顶埋深较深,基桩检测规范所提的锚桩法静载荷试验方案较难实施。根据交通行业标准《基桩静载试验自平衡法》(JT/T 738－2009),拟采用荷载箱法进行试桩,试验加载采用慢速维持荷载法。

由于本工程基桩均位于泥质砂岩中,根据《建筑基桩检测技术规范》(JGJ 106－2003)及《基桩静载试验自平衡法》(JT/T 738－2009)对检测数量的要求,选用3根基桩进行试桩检测,试桩相关参数见表4-10,试桩桩位布置见图4-28。

表 4 - 10　试桩参数表

试桩类型	桩径 （mm）	扩底直径 （mm）	有效桩长 （m）	设计抗拔极限 承载力（kN）	设计抗压极限 承载力（kN）	桩端持力层
AM1 - 27 （S1）	2000	3000	25.0	35300	27000	中风化泥质砂岩
AM2 - 18 （S2）	2000	3000	20.0	28260	23520	中风化泥质砂岩
AM3 - 4 （S3）	1800	3000	18.0	—	1650	中风化泥质砂岩

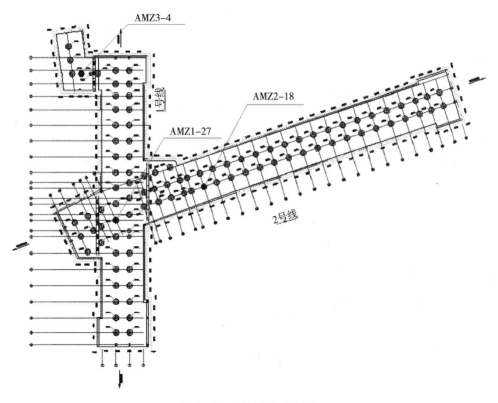

图 4 - 28　试桩桩位布置图

4.3.3　地质情况

本工程场区在地貌单元上位于南淝河故道河床和现状河漫滩,场地地势基本平坦,钻孔自然地面标高为 14.51～15.93 m,基岩埋深在 25 m 左右,地面至基岩顶板之间的沉积土层以黏性土、粉土与砂土交互沉积层为主,局部位置有软弱土分布,以含灰褐色、黑色的粉质黏土为主,各土层计算参数见表4-11。

表4-11 桩基计算参数建议值

地层代号	岩性名称	桩的极限侧阻力标准值 q_{sik}(kPa)	桩的极限端阻力标准值 q_{pk}(kPa)
②₁	粉质黏土	50	—
②₂	粉土	60	—
②₃	粉细砂	50	—
②₄	粉质黏土	45	—
⑥₁	强风化泥质砂岩	180	1500
⑥₂	中风化泥质砂岩	200	2500

4.3.4 试桩检测

1. 检测方法

美国学者Osterberg于20世纪80年代首先提出了载荷箱测试法,并于80年代中期开展了桩承载力载荷箱试验方法的研究,首先在桥梁钢桩中成功应用,后来逐渐推广至各种桩型,如图4-29所示。

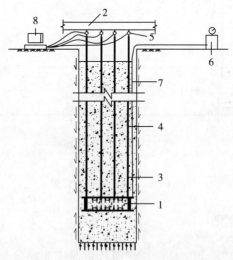

图4-29 桩承载力载荷箱法试验示意图

1—荷载箱;2—基准梁;3—护套管;4—位移丝;5—位移传感器;6—加载系统;7—油管;8—数据采集仪

在我国,东南大学土木工程学院相关专家、学者在理论研究的基础上,首先于1996 年开始对该方法的关键设备荷载箱和位移量测、数据采集处理系统进行了研究开发,经多次专家鉴定后,1999 年 6 月制定了江苏省地方标准,2009 年 1 月国家交通运输部发布了基桩静载试验自平衡法行业标准。目前该方法广泛应用于房屋建筑和桥梁桩基检测中。

2. 试验原理

基桩载荷箱法的主要应用装置是一种特制的荷载箱,它与钢筋笼相接置于桩身下部。试验时,从桩顶通过输压管对荷载箱内腔施加压力,箱盖与箱底被推开,从而调动桩周土的摩阻力与端阻力,直至破坏。将桩侧土摩阻力与桩底土阻力叠加而得到单桩抗压承载力,根据 $Q-s$、$s-\lg t$ 和 $s-\lg Q$ 等曲线确定桩承载力及各层土摩擦力。

与传统的静载试验(检测)方法(堆载法和锚桩法)相比,载荷箱法具有以下特点:

(1)省力:没有堆载,也不要笨重的反力架,检测简单、方便、安全、无污染。

(2)省时:土体稳定即可测试,并可多根桩同时测试,大大节省试验时间。

(3)不受场地条件和加载吨位限制:每桩只需一台高压油泵、一台数据采集仪,检测设备体积小、重量轻,任何场地(基坑、山上、地下、水中)都可以使用。目前最大加载值已达到 24000 0kN(湖南赤石大桥)。

3. 测试仪器设备

(1)加载设备

每根试桩采用一个环形荷载箱。荷载箱的加载能力及埋设位置根据地质资料确定。

高压油泵:最大加压值为 60 MPa,加压精度为每小格 0.5 MPa,其压力表亦由计量部门标定。

(2)位移量测装置

① 电子位移传感器。电子位移传感器的量程为 50 mm(可调)。测试时每根桩使用 4 只,通过磁性表座固定在基准钢梁上(图 4-30),2 只用于量测桩身荷载箱处的向上位移,2 只用于量测桩身荷载箱处的向下位移。

② 电动位移线缆及卡头,每根桩使用 4 套,如图 4-31 所示。

③ 电脑及数据自动采集仪一套,如图 4-32 所示。

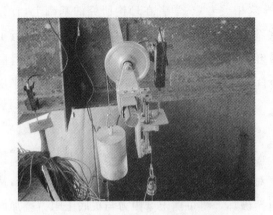

图 4-30　电子位移传感器

图 4-31　位移线缆及卡头

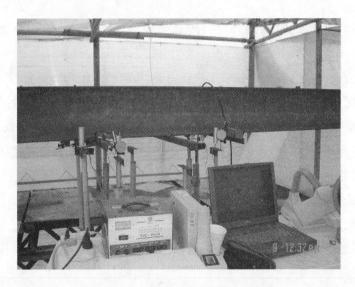

图 4-32　笔记本电脑及数据采集仪

4. 测试桩施工要求

试桩除严格满足设计文件要求外,还应注意以下几点:

(1)绑扎和焊接钢筋笼,由施工单位负责,测试单位配合,位移管的接头连接用套管接头或套丝接头。当采用套管接头时,所使用套管的内径与位移管的外径要匹配,避免套管在接头处产生错台现象,影响后期测试时位移丝的下放;若采用套丝接头,丝扣要有一定的长度,连接牢固。接长的位移管要与钢筋笼焊接(或捆绑牢固)成整体,且管壁及接头无孔洞,确保管路不渗入泥浆。位移管一端与荷载箱的顶底板焊牢,且不渗灰浆,位移管的另一端应高出地面(或工作平面)400 mm,位移管顶部用 50 mm×50 mm、厚 2 mm 的铁板或其他方式密封。

(2)上节钢筋笼与荷载箱上顶板焊接(所有主筋焊接),保证钢筋笼与荷载箱在同一水平线上,再焊喇叭筋,喇叭筋上端与主筋、下端与内圆边缘焊接,保证荷载箱水平度小于 5‰;荷载箱下底板与下节钢筋笼连接,焊接下喇叭筋。荷载箱上下 3 m 范围内的箍筋间距加密为 10 cm。必须保证钢筋笼与荷载箱在同一轴线上,焊点保证质量,确保在钢筋笼与荷载箱起吊时不脱离。荷载箱安装位置和安装工艺如图 4-33 所示。

(3)试桩混凝土标高同工程桩,导管通过荷载箱到达桩端浇捣混凝土,当混凝土接近荷载箱时,拔导管速度应放慢,当荷载箱上部混凝土大于 2.5 m 时,导管底端方可拔过荷载箱,浇混凝上至设计桩顶;荷载箱下部混凝土坍落度宜大于 200 mm,便于混凝土在荷载箱处上翻。

(4)埋完荷载箱,保护油管及钢管封头(用钢板焊,防止水泥浆漏入)。

(5)灌注混凝土时,要求制作一定量的混凝土试块,待测试时做混凝土强度试验。

图 4-33 荷载箱与钢筋笼连接

5. 试桩试验准备

(1)成桩后 14 天进行声波透射试验,检测桩身质量。

(2)检查荷载箱是否正常工作,仪器初调。

(3)布置基准梁。基准梁、基准桩及防风棚由施工单位负责搭设。基准桩采用 I32 工字钢,打入土中不少于 1 m。基准梁一端与基准桩铰接,另一端与基准桩焊接,本次试验基准梁长度为 9.0 m(暂定),采用 I32 工字钢。

（4）下放位移丝,架设位移量测系统如图 4-34 所示。

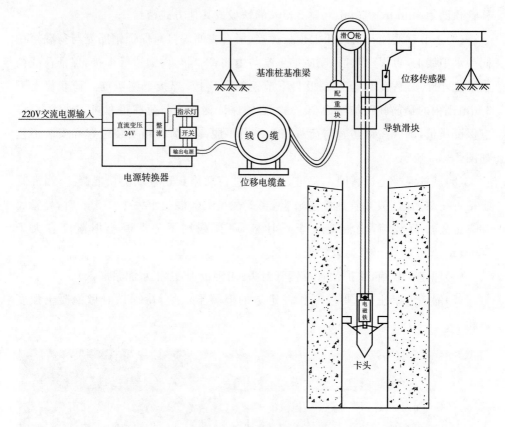

图 4-34　位移丝架设图

（5）仪器、设备测试元件的鉴定及标定。

加载系统（电动油泵、高压油管、荷载箱等）：加载前由省计量部门进行系统标定后,由生产厂家进行系统试压,以确保试验荷载的准确性。

测试仪器的标定：所有设备（电子表、压力表、应变计）由法定计量标准站在实验室进行调试、标定。

6. 试验程序

测试按《建筑基桩检测技术规范》（JGJ 106-2003）进行。

（1）检测开始时间应同时符合下列规定

① 混凝土强度达到设计强度的 70% 以上或按该强度算得的桩身承载力大于荷载箱单向最大加载值的 1.5 倍。

② 土体的休止时间：砂土 7 天,粉土 10 天,非饱和黏土 15 天,饱和黏土 25 天。

（2）加、卸载分级

① 加载分级：每级加载值为预估极限承载力的 1/15。第一级按 2 倍荷载分级加载。

② 卸载分级：卸载分 5 级进行。

（3）位移观测及稳定标准

位移观测：采用慢速维持荷载法，每级荷载施加后第 1 小时内应在第 5、10、15、30、45、60 分钟时测读位移，以后每隔 30 min 测读一次，达到相对稳定后方可加下一级荷载。卸载到零后应维持 3 h，观测残余变形。测读时间间隔同加载。

稳定标准：每级加载每一小时的向上、向下位移量均不大于 0.1 mm，并连续出现两次（从加载后 30 min 开始，按 1.5 h 连续三次每 30 min 的位移量计算）。

每级荷载下位移达到稳定标准时，再施加下一级荷载。

（4）加载终止条件及最终加载值

对于单桩竖向抗拔静载试验，加载终止条件和相应的最终加载值从向上方向按以下规定进行判定和取值：

① 在某级荷载作用下，向上位移量大于前一级荷载位移量的 5 倍时，终止加载。取其终止时荷载小一级的荷载为最终加载值。

② 在某级荷载作用下，向上位移量大于前一级荷载位移量的 2 倍，且经 24 h 尚未达到相对稳定时，终止加载。取其终止时荷载小一级的荷载为最终加载值。

③ 按向上位移量控制，当累积向上位移量超过 15 mm 时，终止加载。取其终止时荷载小一级的荷载为最终加载值。

④ 对于验收抽样检测的工程桩，加载至设计要求的最大上拔荷载时，终止加载。取最大上拔荷载值为最终加载值。

7. 检测过程概述（表 4-12）

（1）S2 现场测试

2013 年 8 月 19 日对 AM2-18 试桩进行测试，加载至第 10 级（2×29000 kN）时，向上、向下位移较小，但已达到设计要求的极限荷载，故停止加载。向上取 29000 kN 为抗拔承载力。

（2）S1 现场测试

2013 年 8 月 21 日对 AM1-27 试桩进行测试，加载至第 10 级（2×36000 kN）时，向上、向下位移较小，但已达到设计要求的极限荷载，故停止加载。向上取 36000 kN 为抗拔承载力。

(3)S3 现场测试

2013 年 9 月 23 日对 AM3 - 4 试桩进行测试,在加载至第 10 级(2×8700 kN)时,向上、向下位移较小,但已达到设计要求的极限荷载,故停止加载。向上、向下均取 8700 kN 为极限加载值。

表 4 - 12 试桩实测结果汇总表

试桩编号	AM3 - 4(S3)	AM2 - 18(S2)	AM1 - 27(S1)
预估加载值(kN)	2×8500	2×28260	2×35300
最终加载值(kN)	2×8700	2×29000	2×36000
荷载箱处向下最大位移(mm)	7.35	8.03	11.57
向下残余位移(mm)	5.17	4.65	8.11
荷载箱处向上最大位移(mm)	5.74	6.40	7.26
向上残余位移(mm)	3.09	3.14	3.78
桩顶位移(mm)	1.90	1.57	1.18
桩顶残余位移(mm)	0.98	0.31	0.51
上段桩弹性压缩量(mm)	3.84	4.83	6.08

8. 承载力确定

根据《基桩静载试验自平衡法》(JT/T 738－2009)和安徽省地方标准《桩承载力自平衡法深层平板载荷测试技术规程》(DB34/T 648－2006),桩的极限抗压承载力综合分析结果如表 4 - 13 所示。

表 4 - 13 试桩自平衡规程分析结果

试桩编号	上段桩实测承载力 $Q_{u上}$(kN)	下段桩实测承载力 $Q_{u下}$(kN)	上段桩长(m)	上段桩有效自重 W(kN)	单桩竖向抗压承载力 Q(kN)	单桩竖向抗拔承载力 Q_u(kN)
AM3 - 4 (S3)	8700	8700	15.8	583	16817	—
AM2 - 18 (S2)	29000	29000	—	—	＞23520	29000
AM1 - 27 (S1)	36000	36000	—	—	＞27000	36000

9. 结论

试桩 AM1-27 单桩竖向抗压承载力超过 27000 kN，单桩竖向抗拔承载力为 36000 kN。

试桩 AM2-18 单桩竖向抗压承载力超过 23520 kN，单桩竖向抗拔承载力为 29000 kN。

试桩 AM3-4 单桩竖向抗压承载力为 16817 kN。

本工程三根试桩抗压、抗拔承载力均满足设计要求。

4.4　本章小结

本章系统研究了上软下硬地层中扩底灌注钢管桩的高精度施工技术,得到如下主要结论:

(1)针对合肥地铁大东门站盖挖逆作法超深桩基承载力的特性,通过计算分析和技术对比,采用了二次扩孔的扩底灌注钢管桩,不仅减少了工程造价,还提高了施工难度。

(2)研发了适应上软下硬复合地层的扩底灌注桩施工的三段式施工技术,即浅层软土旋挖钻机成孔、深层硬岩冲击钻成孔以及可视全液压扩底旋挖钻机扩孔,不仅保证了中风化泥质岩层中灌注桩成孔、扩孔质量,也保证了灌注桩的施工精度。

(3)研发了高精度液压垂直插入机,通过在插入机夹具点和钢管桩上安装监测点,实现了钢管柱垂直度的两点式实时监控和纠偏,实现了超过 30 m 长钢管柱插入施工的 1/1000 以内的控制精度。

(4)通过现场扩底灌注桩的荷载箱法静载试验可知,扩底灌注桩的抗压承载力和抗拔承载力都达到了设计要求,由此也进一步验证了本项目技术的适用性。

第5章 超深盖挖逆作车站结构
新形式及修建技术

盖挖逆作法车站结构的防水性能和耐久性能是目前基坑工程中亟待解决的关键技术难题,也是影响车站正常服役和后期维护保养的主要因素,为此,需开展盖挖逆作车站结构形式和施作技术的研究工作。

5.1 超深盖挖逆作车站结构设计

合肥轨道交通大东门站为合肥地铁1、2号线的换乘站,位于胜利路和长江东路交叉路口西侧,站台宽度为14 m,两站斜交呈"T"形换乘。受区间下穿南淝河、市政下穿隧道(长江东大街隧道)等影响,车站埋深较大,其中1号线部分为地下四层,标准段基坑深约31.7 m、宽约23 m;2号线部分为地下三层,标准段基坑深为24.4 m、宽约23 m。1、2号线同期建设,总建筑面积为35020 m²,其中1号线总建筑面积为17005 m²,2号线总建筑面积为18015 m²。

5.1.1 叠合墙和复合墙的选用

围护结构与内衬墙的结合方式有叠合墙和复合墙两种。目前,两种方案在国内地铁建设中均有应用,并且争论较多,上海较多采用叠合墙方案,北方地区多采用复合墙方案。

一般来说,叠合墙车站的综合造价要稍低于复合墙车站,但其施工难度较大,施工质量不易保证,薄弱环节较多,具体表现如下:

(1)预留钢筋接驳器难度较大。结构板钢筋对接难度大且连续墙接缝处无法预留钢筋连接器。

(2)边节点接缝漏水腐蚀钢筋。边墙裂缝多,易发生渗漏事故,相关文献调查表明,深圳地铁一期工程共有 7 个站采用叠合墙方案,均存在不同程度的侧墙竖向渗水裂缝,有的间距仅 2~4 m。

(3)后期堵水费用较高,维护成本高。

结合大东门站临河、地下水位高且具承压性、含水层为粉砂层、透水性大等特点,本站选用复合墙结构防水质量更有保障。同时由于本站地下水有弱腐蚀性(环境作用等级为 V - C),如采用叠合墙,地下连续墙作为永久结构,考虑耐久性要求,混凝土等级需提高,故造价比采用复合墙结构车站还要略高。通过综合比选,大东门站选择了复合墙结构,如图 5 - 1 所示。

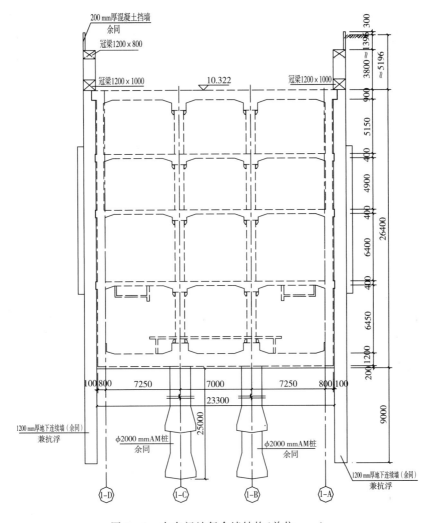

图 5 - 1　大东门站复合墙结构(单位:mm)

5.1.2 顶板、中板与地下连续墙结合方式的创新

1. 顶板与连续墙的连接方案

传统的盖挖逆作车站(复合墙结构),其顶板是直接简支在围护结构冠梁顶部的,冠梁施工时需在基坑外部打设短桩或放坡开挖(周边条件允许时)。

但是,大东门站受寿春路下穿工程影响,顶板覆土局部达5.3 m,施工冠梁时局部开挖深度需达7.2 m,加之本站周边高层建筑多,环境复杂,变形控制严格,因此减小冠梁的开挖深度至关重要。同时,大东门站局部覆土厚度仅约1 m,抗浮不满足要求。基于这两点原因,提出了将地下连续墙顶设置地面附近,同时在顶板上方的地下连续墙内增设压顶梁,地下连续墙施工时预留顶板的"榫接凹槽",并在"榫接凹槽"内预埋钢板解决局部受压问题,如图5-2所示。

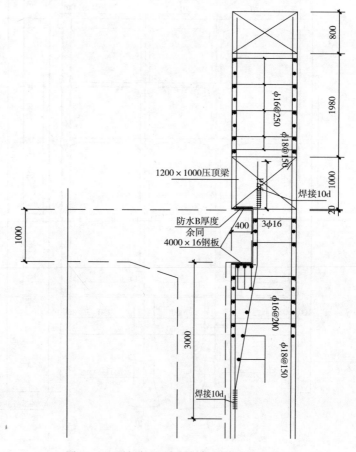

图 5-2　顶板与地下连续墙连接(单位:mm)

2. 板墙交接处施工阶段抗拉弯能力

如前文所述,地下四层车站侧墙顶部所受的拉力将是地下两层站的 3 倍,弯矩也远大于地下两层站,仅靠增加配筋很难解决施工阶段拉弯受力问题。在方案研究过程中曾讨论过以下两个方案:

(1)在侧墙中增加预应力钢筋或钢绞线方案。该方案的缺点是施工复杂,工艺要求高,难于控制,质量保障较难。

(2)在两侧的边跨中增加临时型钢柱及桩基方案。该方案的缺点是造价高,立柱多,影响施工,且侧墙受力仍较大,侧墙顶部配筋密集。

为了达到更好的效果,合肥地铁大东门站项目提出了利用地下连续墙混凝土保护层(70 mm 厚)预留楼板"榫接凹槽"的做法。为确保"榫接凹槽"的质量及局部受压要求,在"榫接凹槽"上下方分别设置了 70 mm×70 mm 的角钢,并要求钢筋笼绑扎时用泡沫板或方木临时填充该凹槽,方便后期凿除。由于楼板可以插入榫槽,该方案同时解决了侧墙接出入口、风道开口部位侧墙受力的问题(图 5 - 3、图 5 - 4)。设计时预留了 100 mm 的施工误差,实践证明,通过精细化施工,该方案是可行的。

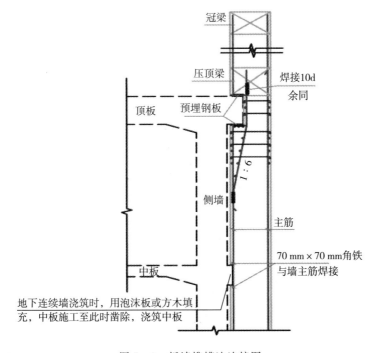

图 5 - 3　板墙榫槽法连接图

图 5-4　板墙榫槽法现场施工图

5.1.3　钢管柱与梁接口部位细部设计

钢筋混凝土梁与钢管柱的受力连接是盖挖逆作车站结构设计的重点,特别是中板梁的设置,其与建筑布置息息相关。钢管柱与混凝土梁的连接方式主要有双梁、鱼腹梁和单梁三种。

双梁指在钢管柱两侧各设计一根独立的梁来承担两侧楼板的荷载。此种做法传力明确,梁的钢筋直接从钢管柱两侧通过,结构布置简单,但是对车站建筑布置影响很大,车站的楼扶梯宽度受限制,对车站管线综合布置影响也很大。

鱼腹梁指在两个钢管柱之间设置单梁,遇钢管柱时将梁分成两个从钢管柱两侧绕过去,此种做法在地面建筑中应用较多,因为地面建筑一般钢管柱直径较小,且梁受力较小,梁内钢筋方便弯曲。地铁车站钢管柱一般较大,梁从两侧绕过很困难,且钢筋直径较大,弯曲难度大,另外对建筑布置也有较大影响。

单梁指结构梁与钢管柱同轴线设计,梁比柱宽,梁遇钢管柱时宽度不变,类似于钢管柱在梁上穿孔。此种做法,梁柱节点处理复杂,但对车站建筑布置无影响,因此在地铁车站设计中越来越多被采用。

梁柱节点的处理方法有以下几种：

(1)梁钢筋主要集中布置在梁的两侧,钢筋遇钢管柱时局部弯曲通过。此做法在钢管柱直径较大时施工困难,且梁内钢筋布置不均匀,受力不好。

(2)在钢管柱周围设计一根环形梁(钢管柱牛腿托住环形梁),梁被钢管柱截断的钢筋直接锚入环梁内。此做法的缺点是施工麻烦,节点部位钢筋密实,施工难度较高。

(3)大东门站的处理方法:工厂加工钢管柱时在钢管柱外套一个环板(图 5 - 5),环板与钢管柱点焊固定(满足施工过程中不滑移即可),被钢管柱截断的钢筋直接焊接在环板上,通过环板传递钢筋应力,满足受力要求。此做法简单、方便、可靠,现场应用很成功,现场实物见图 5 - 6。

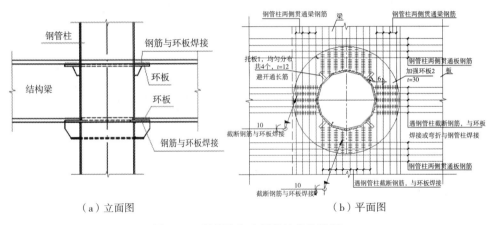

（a）立面图　　　　　　　　（b）平面图

图 5 - 5　钢管柱与中板梁连接构造图

图 5 - 6　现场实物图

5.1.4 其他技术的应用与改进

1. 侧墙预留斜向下施工缝

逆作施工,侧墙与楼板交接部位容易开裂,设计时在此处预留了斜向下的施工缝(图5-7),混凝土浇筑时采用"漏斗"浇筑法(图5-8),防止接缝部位混凝土浇筑不密实。

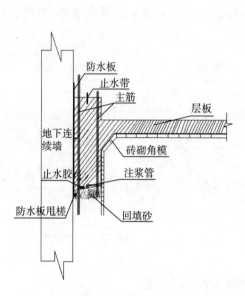

图5-7 侧墙与楼板连接处斜施工缝

图5-8 盖挖逆作侧墙漏斗浇筑法

2. 地模技术的应用与改进

盖挖逆作施工时各层板起了围护结构内支撑的作用,如果按照先支钢模再浇筑混凝土的方案施工,每层板至少要超挖2m才能有支模空间,不安全,且还需增加支模费用、延长施工周期,因此,设计时采用地模技术施工。

常规采用的方案是在夯实地基上抹水泥砂浆,然后再刷脱模剂,由于存在脱模剂污染钢筋,且脱模剂涂刷后工人在上面施工容易破坏涂刷层,施工完清除地模时板底不光滑。后来经过多次试验,使用地板革代替了脱模剂,避免了上述缺点,如图5-9所示。

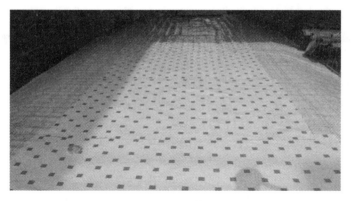

图 5 - 9　现场地模施工图

5.2　超深盖挖逆作车站抗震设计及验算

合肥地区大地构造位于中朝准地台江淮台隆、秦岭地槽褶皱系北淮阳地槽褶皱带、扬子准地台张八岭台拱三个一级大地构造单元的结合部位。燕山晚期构造活动强烈,断裂构造发育。拟建线路位于新华夏系第二隆起带和秦岭纬向结构带、淮阳山字形东翼弧的复合部位。以东西向构造和北东向构造占主导,还分布有北西向构造。

经过线路或线路附近的主干构造主要有桥头集—东关断裂(F1)、六安—合肥断裂(F2)、肥西—韩摆渡断裂(F3)、合肥—千人桥断裂(F4)、义城集—三河镇断裂(F5)。这五条断层简述如下:

(1)桥头集—东关断裂(F1):该断裂西北自炎刘向东而经合肥大杨沿南淝河至桥头集出近场区,后抵巢湖东关,区内长约 48 km。断裂主体隐伏,断裂总体走向北西 30°~40°,倾向南西或北东,为张性正断,断距大于 2 m,是一条早、中更新世活动断裂。

(2)六安—合肥断裂(蜀山断裂,F2):为物探推测的隐伏断裂,分布于小蜀山、大蜀山及合肥一线,走向近东西,区内长 46 km。该断裂可能为一条北倾的逆冲断层,结合沿断裂的微震活动,推测该断裂为早、中更新世断裂。

(3)肥西—韩摆渡断裂(六安断裂,F3):近场区为其东段,分布于吴山口南、肥西南和义城北一线,区内长 41 km,为一条早、中更新世活动断裂。

(4)合肥—千人桥断裂(F4):该断层主要系物探和钻孔资料验证,断层走向北东 20°左右,推测断层面倾向北西,逆断层,区内长约 40 km,未发现该断裂晚第四纪以来有活动的迹象。

(5)义城集—三河镇断裂(F5):该断层主要系物探和遥感解译推测断层,总体走向北东 25°,逆断层,微向西倾斜,倾角较陡,区内长约 25 km。

拟建场地北侧有合肥—东关断裂(F1)。

5.2.1 抗震要求及设计方法

1. 抗震设防目标

依据住房和城乡建设部下发的《市政公用设施抗震设防专项论证技术要点(地下工程篇)》及相关规范,抗震设防目标如下:

(1)当遭受低于本工程抗震设防烈度的多遇地震影响时,市政地下工程不损坏,对周围环境和市政设施正常运营无影响。

(2)当遭受相对于本工程抗震设防烈度的地震影响时,市政地下工程不损坏或仅需对非重要结构部位进行一般修理,对周围环境影响轻微,不影响市政设施正常运营。

(3)当遭受高于本工程抗震设防烈度的罕遇地震(高于设防烈度 1 度)影响时,市政地下工程主要结构支撑体系不发生严重破坏且便于修复,无重大人员伤亡,对周围环境不产生严重影响,修复后市政设施可正常运营。

2. 抗震设计条件

本工程抗震设防分类为乙类,抗震等级为三级,按 7 度抗震设防烈度要求进行抗震验算。

根据《建筑抗震设计规范》(GB 50011—2010)中附录 A,该站设计地震分组为第一组(特征周期值为 0.35 s),场地类别为Ⅱ类,设计地震动加速度约为 0.98 m/s²。

3. 抗震性能要求

参考《城市轨道交通结构抗震设计规范》(征求意见稿)要求进行抗震设计的城市轨道交通结构,应达到如下性能要求:

(1)性能要求Ⅰ:地震后不破坏或轻微破坏,应能够保持其正常使用功能;结构处于弹性工作阶段;不应因结构的变形导致轨道的过大变形而影响行车安全。

(2)性能要求Ⅱ:地震后可能破坏,经修补,短期内应能恢复其正常使用功能;结构局部进入弹塑性工作阶段。

(3)性能要求Ⅲ:地震后可能产生较大破坏,但不应出现局部或整体倒毁,结构处于弹塑性工作阶段。

本车站抗震设防类型为乙类,为地下车站,在 E1(重现期为 100 年)和 E2(重现期为475年)地震作用下,该车站要达到抗震性能要求 I,在 E3(重现期为2450年)地震作用下要达到抗震性能要求 II。

参考《城市轨道交通结构抗震设计规范》(征求意见稿),抗震性能要求为 I 时,应按《建筑抗震设计规范》(GB 50011—2010)进行结构构件的截面抗震验算。抗震性能要求为 II 时,应验算结构整体变形性能,并应符合下列规定:

(1)矩形断面结构应采用层间位移角作为指标,对于钢筋混凝土结构层间位移角限值宜取 1/250。

(2)圆形断面结构应采用直径变形率作为指标,对于盾构隧道直径变形率的界限值应为 6‰。

4. 抗震设计方法

(1)时程分析法

抗震设计中地震效应的计算方法有地震系数法、反应位移法、反应加速度法、弹性时程法、非线性时程法等。大东门站为1号线车站与2号线车站斜交呈"T"形的换乘站,1号线车站为地下四层站,标准段基坑深度为31.7 m,宽为23.3 m;2号线部分为地下三层站,标准段基坑深度为24.4 m,宽为23.3 m。车站结构复杂,抗震设防为乙类,对该车站采用时程分析法。

时程分析法即结构直接动力法,是最经典的方法之一。其基本原理:将地震运动视为一个随时间而变化的过程,并将地下结构物和周围岩土体介质视为共同受力变形的整体,通过直接输入地震加速度记录,在满足变形协调条件的前提下分别计算结构物和岩土体介质在各时刻的位移、速度、加速度、应变和内力,并进而验算场地的稳定性,进行结构截面设计。时程分析法具有普遍适用性,在地质条件和结构形式复杂、宜考虑地基和结构非线性动力特性的隧道结构时,应采用这一方法,且迄今尚无其他计算方法可予以代替。

采用时程动力分析时,由于直接输入地震波作用,因此应限制土层单元尺寸,为准确模拟地震波在土层中的传播,单元在剪切波传播方向的长度宜满足:

$$L < (1/10 \sim 1/8)\lambda_{min} \tag{5-1}$$

式(5-1)中,λ_{min} 为计算需要考虑的最短波长。通常,考虑到地震波的能量一般情况下主要集中在 0~10 Hz 的频率范围内,而土体的最小剪切波速约为100 m/s,此时 λ_{min} 约为10 m,因此,计算中剪切波速传播的主要方向即竖向单元尺寸不大于1 m 即可满足要求。

土层的选取范围：一般顶面取地表面，底面取等效基岩面，水平向自结构侧壁至边界的距离宜至少取结构水平有效宽度的 3 倍，如图 5-10 所示。

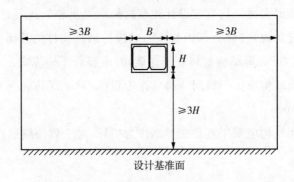

图 5-10 一般情况下计算模型选取范围

当隧道或地下车站结构沿纵向结构形式连续、规则，横向断面形式不变，周围土层沿纵向分布一致时，可只沿横向计算水平地震作用并进行抗震验算，抗震分析可近似按平面应变问题处理。当结构形式变化较大、土层条件不均匀时，需要按空间问题进行三维建模求解。

当采用波动法进行地震动输入时，模型边界应采用黏性人工边界或黏弹性人工边界等合理的人工边界条件，且侧向人工边界应避免采用固定或自由等不合理的边界条件。

（2）反应位移法

采用反应位移法进行隧道与地下车站结构横向地震反应计算时，可将周围土体作为支撑结构的地基弹簧，结构采用梁单元进行建模，如图 5-11 所示。模型中应考虑土层相对位移、结构惯性力和结构周围剪力作用。

① 土层位移计算

隧道与地下车站结构抗震设计中，地震时土层沿深度方向的水平位移具体数值可由式（5-2）求出：

$$U(z) = \frac{1}{3} u_{max} \cos\left(\frac{\pi z}{2H}\right) \qquad (5-2)$$

式（5-2）中：$U(z)$——地震时深度 z 处土层的水平位移（m）；

z——深度（m）；

u_{max}——场地地表最大位移，取值参照表 5-1 和表 5-2；

H——地面至地震作用基准面的距离（m）。

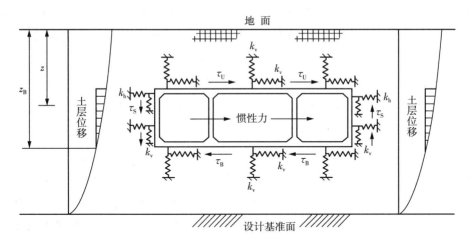

图 5-11　横向地震反应计算的反应位移法

表 5-1　基本设计地震动峰值位移(u_{max})表

地震动峰值加速度分区	0.05g	0.10g	0.15g	0.20g	0.30g	0.40g
设防烈度(度)	6	7	7	8	8	9
多遇地震	0.01	0.02	0.04	0.05	0.07	0.09
设计地震	0.03	0.07	0.10	0.13	0.20	0.27
罕遇地震	0.08	0.15	0.20	0.27	0.35	0.41

注: g 为重力加速度。

表 5-2　基本设计地震动峰值位移调整(ψ_u)表

场地类别	地震动峰值加速度 a					
	0.05g	0.10g	0.15g	0.20g	0.30g	≥0.40g
I₀	0.75	0.75	0.80	0.85	0.90	1.00
I₁	0.75	0.75	0.80	0.85	0.90	1.00
II	1.00	1.00	1.00	1.00	1.00	1.00
III	1.20	1.20	1.25	1.40	1.40	1.40
IV	1.45	1.50	1.55	1.70	1.70	1.70

注: g 为重力加速度。

　　关于 H 的取值,对于埋置于地层中的隧道和地下车站结构,地震作用的基准面应取在隧道和地下车站结构以下剪切波速不小于 500 m/s 的岩土层位置。对于覆盖土层厚度小于 100 m 的场地,设计地震作用基准面到结构的距离不应小于结构有效高度的 2 倍;对于覆盖土层厚度大于 100 m 的场地,可取在场地覆盖土层 100 m 深度的土层位置。

② 土体与结构相互作用弹簧刚度计算

计算模型中,结构周围土体采用地基弹簧表示,包括压缩弹簧和剪切弹簧。

③ 土层位移引起作用于结构的侧向力

在反应位移法中需将地下结构周围自由土层在地震作用下的最大位移(可取相对变形,相应于结构底面深度的位移为零)施加于结构两侧面压缩弹簧及上部剪切弹簧远离结构的端部。由于在有限元软件中要实现在弹簧远离结构的一端施加强制位移较为困难,因此,可将强制位移按式(5-3)转换为直接施加在结构侧壁和顶板上的等效荷载:

$$p(z) = k_h \cdot [U(z) - U(z_B)] \tag{5-3}$$

式(5-3)中:$p(z)$—— 土层变形形成的侧向力(kN/m²);

$\qquad\qquad k_h$—— 地震时单位面积的水平向土层弹簧系数(kN/m³)。

④ 结构与周围土层间的剪切力

地下结构与土层接触处的剪切力根据下列公式计算:

$$\tau_U = \frac{G_d}{\pi H} \cdot S_v \cdot T_g \cdot \sin(\frac{\pi z_U}{2H}) \tag{5-4}$$

$$\tau_B = \frac{G_d}{\pi H} \cdot S_v \cdot T_g \cdot \sin(\frac{\pi z_B}{2H}) \tag{5-5}$$

$$\tau_S = \frac{\tau_U + \tau_B}{2} \tag{5-6}$$

$$S_v = T_g \cdot S_a / (2\pi) \tag{5-7}$$

式中:τ_U—— 顶板上表面剪力(kN/m²);

$\quad \tau_B$—— 底板下表面剪力(kN/m²);

$\quad \tau_S$—— 侧壁表面剪力(kN/m²);

$\quad G_d$—— 土层的动剪切模量(kPa);

$\quad H$—— 计算点至地表的垂直距离(m);

$\quad S_v$—— 地表的速度反应谱(m/s);

$\quad T_g$—— 地层的特征周期值(s);

S_a——地表的加速度反应谱(m/s^2)。

⑤ 结构的惯性力

结构自身的惯性力可用结构物的质量乘以最大加速度来计算,作为集中力可以作用在结构形心上,也可以按照各部位的最大加速度计算结构的水平惯性力并施加在相应的结构部位上。计算公式如下:

$$f_i = m_i \cdot \ddot{u}_i \tag{5-8}$$

式(5-8)中:f_i——结构 i 单元上作用的惯性力(kN);

$\qquad m_i$——结构 i 单元的质量(10000kg);

$\qquad \ddot{u}_i$——自由土层对应于结构 i 单元位置处的峰值加速度(m/s^2)。

5.2.2　设计地震下动力时程计算分析方法

采用 MIDAS 大型岩土隧道有限元软件 GTS 来建立三维有限元模型。在模型中,动力平衡的方程为:

$$\boldsymbol{M}\ddot{u} + \boldsymbol{C}\dot{u} + \boldsymbol{K}u = f_t \tag{5-9}$$

式(5-9)中,$\boldsymbol{M}$、$\boldsymbol{C}$、$\boldsymbol{K}$ 分别为体系的刚度矩阵、质量矩阵和阻尼矩阵;$\ddot{u}$、$\dot{u}$ 和 u 分别为体系的加速度、速度和位移;f_t 为地震荷载。

参考《城市轨道交通结构抗震设计规范》(征求意见稿),抗震性能要求为 I 时,应按《建筑抗震设计规范》(GB 50011—2010)进行结构构件的截面抗震验算;抗震性能要求为 II 时,应验算结构整体变形性能,对于矩形断面结构应采用层间位移角作为指标,钢筋混凝土结构层间位移角限值宜取 1/250。

本站抗震设防等级为 7 度,选取加速度峰值为 $0.98\ m/s^2$ 的三条地震加速度荷载,见图 5-12。

为避免应力波在模型的边界上发生反射而使得结果失真,在三维模型中采用人工边界来进行处理。黏弹性人工边界可以方便地与有限元法结合使用,只需在有限元模型中人工边界节点的法向和切向分别设置弹簧元件和阻尼元件即可,见图 5-13。对于三个方向的弹簧系数和阻尼系数的取值可以通过下列公式获得。

法向:

$$\begin{cases} K_{ix} = \alpha_x \dfrac{G_i}{R_i} \sum A_i \\[3mm] C_{ix} = \rho_i c_{ip} \sum A_i \end{cases} \tag{5-10}$$

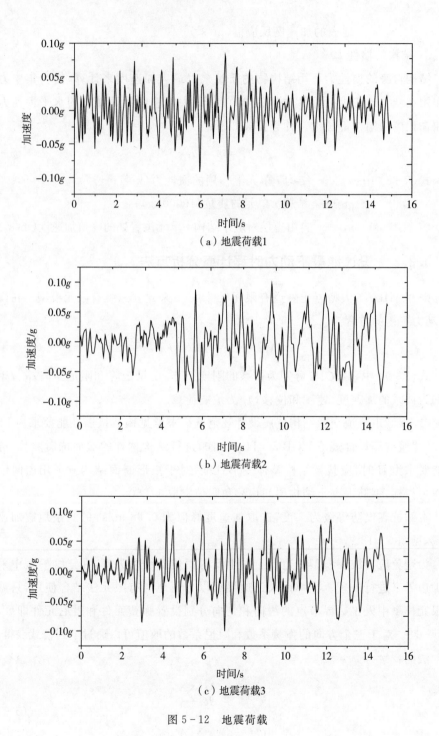

（a）地震荷载1

（b）地震荷载2

（c）地震荷载3

图 5-12　地震荷载

切向：

$$\begin{cases} K_{iy} = K_{iz} = \alpha_y \dfrac{G_i}{R_i} \sum A_i = \alpha_z \dfrac{G_i}{R_i} \sum A_i \\ C_{iy} = C_{iz} = \rho_i c_{is} \sum A_i \end{cases}$$ (5 - 11)

式(5 - 10)、式(5 - 11)中，G_i 为介质剪切模量；$\sum A_i$ 为人工边界节点 i 所代表的面积；R_i 为荷载作用点到人工边界节点 i 的距离；ρ_i 为介质密度；c_{ip}、c_{is} 分别为压缩波、剪切波波速；α_x、α_y 和 α_z 为方向参数。

根据分析，需要模型的尺寸为 380 m ×280 m×100 m(长×宽×高)，见图 5 - 14。结构网格见图 5 - 15、图 5 - 16。在模型中，土体采用四面体单元模拟，模型参数见表 5 - 3。车站结构和邻近建筑物均采用板单元模拟，车站柱和扩底桩采用梁单元模拟。模型节点数 88867 个，单元数 449760 个。

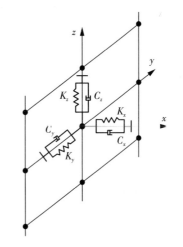

图 5 - 13　三维黏弹性人工边界示意图

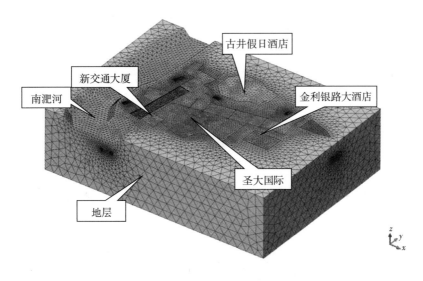

图 5 - 14　地层-结构网格图

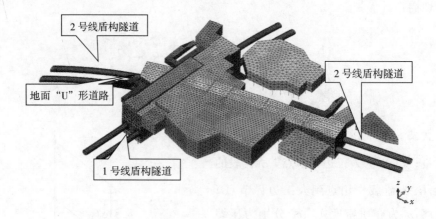

图 5-15 结构网格图

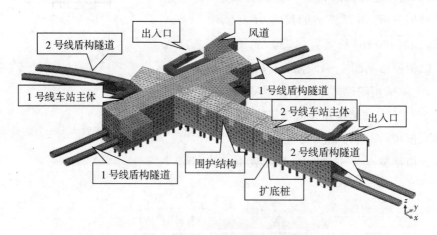

图 5-16 车站结构网格图(轴测图)

表 5-3 模型参数

土层编号	土层厚度(m)	动弹性模量(kN/m²)	动泊松比	重度(kN/m³)	阻尼常数(kN·s/m)		地基反力系数(kN/m³)		
					C_p(压缩波)	C_s(剪切波)	k_{hx}	k_{hv}	k_z
1	4.0	112700	0.490	17.5	1826	260	10944	9760	—
2	7.6	354363	0.477	19.5	2323	492	27118	24183	—
3	5.3	314400	0.475	20.3	2152	470	27474	24501	—
4	6.8	416313	0.474	20.5	2427	543	33133	29548	—
5	7.7	900367	0.463	21.0	3092	812	68262	60875	—
6	68.6	2362825	0.447	22.0	4371	1353	79035	70483	44071

模型的侧面和底面为黏弹性人工边界,侧面限制水平移动,底部限制垂直移动,上边界为自由地表。在模型中,分别施加地震荷载 1、2 和 3(图 5 - 12),考虑地震荷载方向为沿 x 方向(模型 380 m 长度方向)和 y 方向(模型 280 m 宽度方向),共 6 种计算工况,见表 5 - 4。

表 5 - 4　计算工况

工况名	荷载类型	荷载方向
工况 1	荷载 1	x 方向
工况 2	荷载 1	y 方向
工况 3	荷载 2	x 方向
工况 4	荷载 2	y 方向
工况 5	荷载 3	x 方向
工况 6	荷载 3	y 方向

5.2.3　计算结果分析

根据动力时程计算结果,分析各个工况中结构位移和内力的分布规律,主要分析结构的位移最大值、横断面 1 至横断面 7 的层间位移、结构的内力最大值、横断面 1 至横断面 7 的内力及中柱轴压比。横断面 1 至横断面 7 的位置如图 5 - 17。

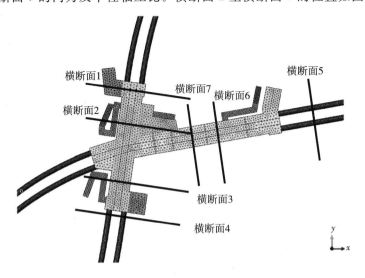

图 5 - 17　结构横断面位置图

1. 工况 1 结果

(1)位移分析

① 结构水平位移最大值

图 5-18 给出了在水平 x 轴方向地震荷载 1 作用下结构的最大位移云图(彩图见本章末二维码)。由图知,结构沿 x 轴正方向的位移最大值为 12.1 mm,位置在 1 号线车站中部;结构沿 x 轴负方向的位移最大值为 13.6 mm,位置也在 1 号线车站的中部。

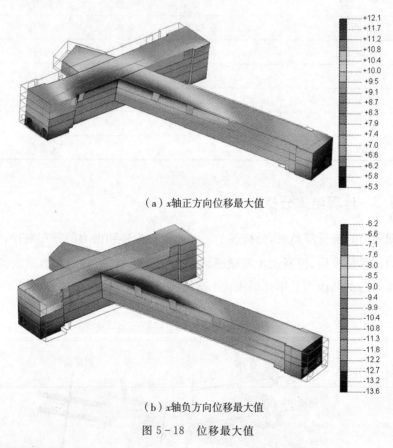

(a)x 轴正方向位移最大值

(b)x 轴负方向位移最大值

图 5-18　位移最大值

② 横断面层间位移

对车站结构横断面 1 至横断面 7 的位移值进行分析,获得层间位移差,其中,横断面 5 至横断面 7 的层间位移差很小,接近 0,在此忽略。图 5-19(a)~(d)分别给出了结构横断面 1 至横断面 4 顶板与底板的层间位移差。各横断面层间位移差最大值见表 5-5。由表 5-5 知,结构横断面 3 处顶板与底板层间位移差最大,最大值为 4.33 mm。

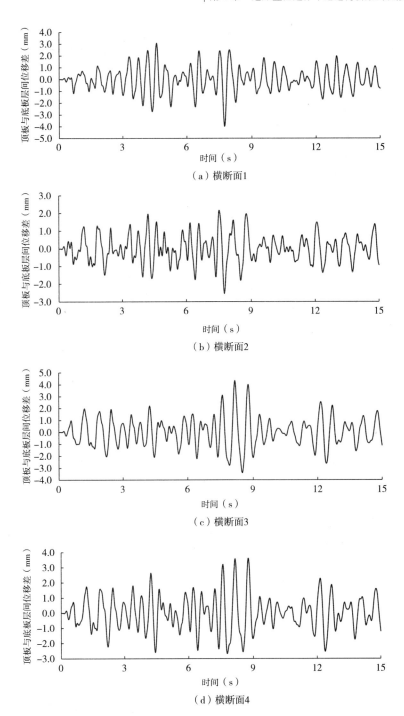

（a）横断面1

（b）横断面2

（c）横断面3

（d）横断面4

图 5-19 各横断面顶板与底板层间位移差

表 5-5　工况 1 各横断面层间位移差

横断面	顶板与底板层间位移差(mm)
横断面 1	4.00
横断面 2	2.54
横断面 3	4.33
横断面 4	3.60
最大值	4.33
最大层间位移角	1/5866

(2)内力分析

① 结构内力最大值

图 5-20 给出了在水平 x 轴方向地震荷载 1 作用下结构的最大内力(弯矩、剪力、轴力)云图(彩图见本章末二维码)。由图知,结构的弯矩、轴力、剪力最大值分别为 1805.0 kN·m、17265.3 kN 和 2494.6 kN,其中,弯矩最大值分布在结构顶板,轴力最大值分布在结构顶板,剪力最大值分布在结构顶板和底板。

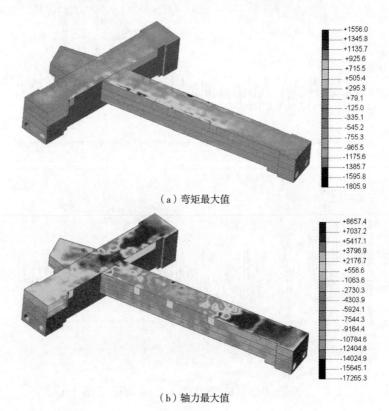

(a)弯矩最大值

(b)轴力最大值

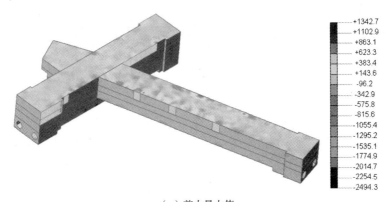

（c）剪力最大值

图 5-20 结构内力最大值

② 结构横断面内力

结构横断面位置如图 5-17 所示,横断面 1 至横断面 7 各节点(图 5-21~图 5-27)的内力见表 5-6~表 5-12。

表 5-6 横断面 1 节点内力

节点编号	内 力		
	弯矩(kN·m)	轴力(kN)	剪力(kN)
43242	−128.013	1870.59	45.635
38818	−19.7745	−1349.48	9.53393
34768	34.9219	−2433.84	−9.91415
29958	53.2565	−3145.13	1.06368
23350	−457.819	−1361.54	−104.439
42250	−190.187	4532.81	−101.799
38040	−61.6272	728.898	−17.3047
33997	−54.5416	−1330.63	−21.2189
28948	−3.91123	−2320.84	33.1827
23300	−150.83	−2475.82	124.559
43248	56.3337	5338.93	−32.5763
46061	124.735	5738.52	8.91761
43069	141.956	4948.08	−8.13686
42739	131.789	5299.35	2.59853

（续表）

节点编号	内 力		
	弯矩（kN·m）	轴力（kN）	剪力（kN）
42742	161.813	4861.84	−7.30948
23365	508.552	214.558	−60.5863
23324	427.724	266.412	−30.0473
23339	559.935	400.476	19.1349
23287	435.905	−4.07138	−48.3663
23305	413.638	−388.39	−26.7025

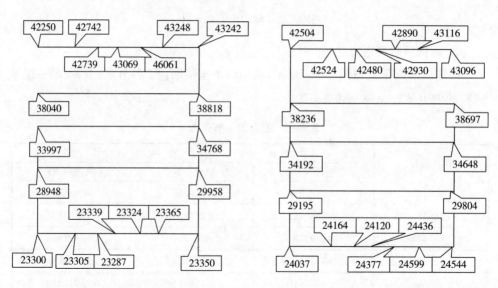

图 5-21　横断面 1　　　　　　　　图 5-22　横断面 2

表 5-7　横断面 2 节点内力

节点编号	内 力		
	弯矩（kN·m）	轴力（kN）	剪力（kN）
43096	638.64	−3919.14	297.062
38697	51.6336	−278.429	198.554
34648	8.08492	−1183.55	−23.5177
29804	0.834466	−1598.32	7.8789
24544	−331.772	988.449	444.484
42504	−290.131	−1208.22	104.353

（续表）

节点编号	内　力		
	弯矩（kN·m）	轴力（kN）	剪力（kN）
38236	9.90955	−746.126	−43.6387
34192	−4.44777	−212.457	43.0641
29195	25.0524	−139.17	−53.0024
24037	−624.329	−894.343	−130.591
24599	362.344	2184.85	35.0577
24377	236.578	1170.25	−32.0128
24436	349.343	4166.88	11.2912
24120	275.464	2095.88	−13.8302
24164	409.938	3666.84	39.0613
43116	259.475	−3480.2	−10.5285
42890	205.893	3834.83	63.0228
42930	148.768	6145.11	33.9379
42480	88.5766	5323.31	−0.397703
42524	110.349	197.784	−13.9166

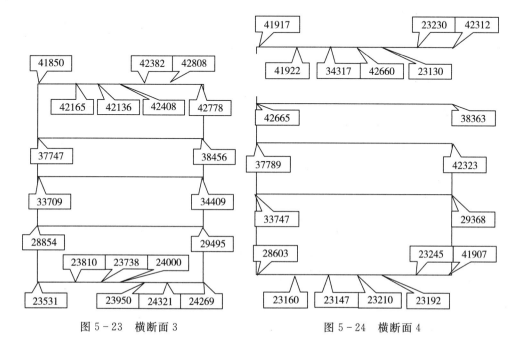

图 5-23　横断面 3　　　　　图 5-24　横断面 4

表 5‑8　横断面 3 节点内力

节点编号	内　　力		
	弯矩(kN·m)	轴力(kN)	剪力(kN)
42778	314.61	−2662.43	−478.054
38456	−3.65941	−2551.06	14.7165
34409	11.0311	−2640.4	16.6979
29495	−290.55	−1932.84	106.297
24269	−1384.93	−1086.4	−925.2
41850	−464.396	−3485.58	−22.3698
37747	−57.6129	356.223	−5.36091
33709	−43.1204	−116.344	−38.3117
28854	−113.313	−860.327	−62.3319
23531	−311.858	−1987.11	−9.79438
42808	−40.1893	−880.589	72.8017
42382	−37.0425	1812.37	29.5901
42408	78.5777	118.469	−12.0125
42136	92.7109	2141.29	−18.6985
42165	128.829	−23.4739	12.4462
24321	285.055	−6031.79	14.6474
23950	292.359	−2163.14	28.1538
24000	369.195	1134.77	28.1549
23738	211.401	90.297	107.623
23810	352.304	1016.16	21.5304

表 5‑9　横断面 4 节点内力

节点编号	内　　力		
	弯矩(kN·m)	轴力(kN)	剪力(kN)
29368	−19.1513	−2996.44	−21.9341
34317	−70.1586	−2329.12	25.4677
38363	−80.1161	−255.98	−22.9733
42660	−254.531	−864.505	−83.5677
23230	−411.88	−3139.14	756.373

（续表）

节点编号	内　力		
	弯矩（kN·m）	轴力（kN）	剪力（kN）
41917	−162.551	−1497.24	17.8611
37789	−4.34757	−134.533	−106.276
33747	0.987662	−726.246	−40.6256
28603	23.1208	−1343.45	28.1716
23130	−380.11	−201.28	50.0436
42665	56.5923	2001.24	22.3508
42312	135.324	2272.03	4.88423
42323	245.6	1248.96	18.5574
41907	261.235	1892.57	16.6565
41922	254.327	596.666	15.1758
23245	543.476	−2138.94	40.0481
23192	327.867	−2232.46	−57.1299
23210	318.72	−1872.19	25.9251
23147	333.864	−3079.8	44.4657
23160	425.611	−2338.25	−7.19983

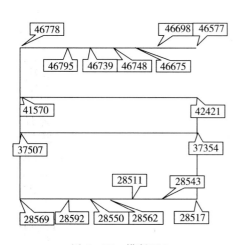

图 5-25　横断面 5

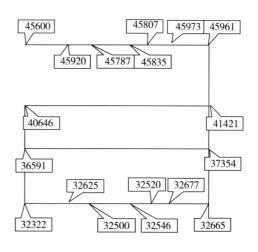

图 5-26　横断面 6

表 5-10 横断面 5 节点内力

节点编号	内 力		
	弯矩(kN·m)	轴力(kN)	剪力(kN)
46577	-241.649	3825.61	-134.009
42421	-16.0481	-249.744	57.8456
37354	12.4121	-2718.39	14.832
28517	-492.03	-309.842	-124.218
46778	-187.886	1754.37	-84.5491
41570	2.07722	145.284	58.8339
37507	11.0967	-2392.87	-47.7308
28569	-453.271	940.23	108.722
46698	120.22	4723.87	9.78095
46675	113.912	4900.65	-18.5154
46748	111.854	4764.67	-33.1853
46739	84.0049	4493.06	-21.7587
46795	102.348	4790.29	-5.20018
28543	244.572	2761.9	0.450802
28511	232.434	3214.81	30.5109
28562	201.082	2831.12	52.2417
28550	345.199	2750.75	50.9291
28592	471.704	3080.52	9.17478

表 5-11 横断面 6 节点内力

节点编号	内 力		
	弯矩(kN·m)	轴力(kN)	剪力(kN)
45600	1340.12	-3339.02	401.116
40646	36.3088	-564.915	-10.6798
36591	28.938	-1599.39	-17.9336
32322	-325.741	-118.723	50.4109
45961	-1459.46	-7286.24	-244.374
41421	26.7001	-42.5802	-16.6184
37354	48.7222	1461.19	23.9944

（续表）

节点编号	内　　力		
	弯矩（kN·m）	轴力（kN）	剪力（kN）
32665	−204.59	1464.96	64.7134
45921	686.111	−7839.25	−253.692
45787	826.97	−9000.09	71.6114
45835	230.612	−4926.92	−78.5816
45807	170.272	−10575.9	−4.21028
45973	158.506	−13105.5	86.0817
32677	283.31	6024.99	91.6427
32520	213.917	6024.53	72.4864
32546	186.652	5959.76	−40.4662
32500	209.283	6427.3	50.8654
32625	237.508	6381.15	12.0162

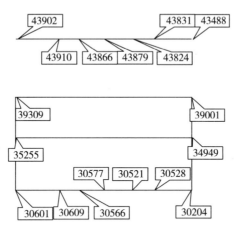

图 5-27　横断面 7

表 5-12　横断面 7 节点内力

节点编号	内　　力		
	弯矩（kN·m）	轴力（kN）	剪力（kN）
43902	1555.95	3322.71	−2310.47
39309	−9.56821	949.501	38.1292
30601	−741.647	1244.98	119.107

（续表）

节点编号	内　　力		
	弯矩（kN·m）	轴力（kN）	剪力（kN）
35255	12.5972	−1601.03	10.752
43488	−1493.51	−7393.04	−1263
39001	−13.5158	1298.61	−135.685
34949	10.6454	266.473	−29.3139
30204	−465.864	2047.96	−435.911
43910	447.537	−2823.19	−303.61
43866	132.189	−5605.07	−140.891
43879	307.306	−1796.28	−52.4352
43824	90.7915	−11228.1	−97.9399
43831	−67.1246	−10663.8	−29.6415
30528	187.47	5217.98	−22.1901
30521	194.67	5805.58	−7.89936
30577	226.699	5297.15	14.3696
30566	282.581	5412.38	13.2196
30609	273.05	4700.04	34.8908

③ 中柱轴压比

截面为 800 mm 的中柱，在地震组合下中柱最大轴力 $N = 12947$ kN，柱轴压比 $0.71 < 0.85$，满足轴压比要求（图 5-28，彩图见本章末二维码）。

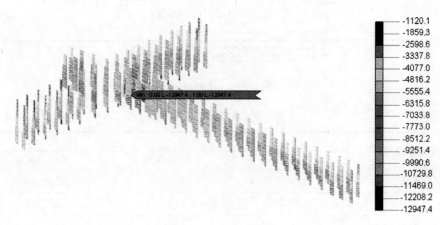

图 5-28　柱子轴力

2. 工况 2 结果

(1)位移分析

① 结构水平位移最大值

图 5 - 29 给出了在水平 y 轴方向地震荷载 1 作用下结构的最大位移云图(彩图见本章末二维码),由图知,结构沿 y 轴正方向的位移最大值为 15.5 mm,位置在 2 号线结构中部;结构沿 y 轴负方向的位移最大值为 15.8 mm,位置也在 2 号线结构中部。

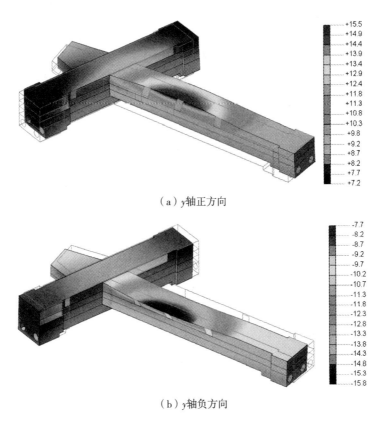

(a)y 轴正方向

(b)y 轴负方向

图 5 - 29 位移最大值

② 横断面层间位移

对车站结构横断面 1 至横断面 7 的位移值进行分析,获得层间位移差,其中,横断面 1 至横断面 4 的层间位移差很小,接近 0,在此忽略。图 5 - 30(a)~(c)分别给出了结构横断面 5 至横断面 7 顶板与底板的层间位移差。各横断面层间位移差最大值见表 5 - 13。由表 5 - 13 知,结构横断面 7 处顶板与底板层间位移差最大,最大值为 9.13 mm。

表 5-13   工况 2 各横断面层间位移差

横断面	顶板与底板层间位移差（mm）
横断面 5	6.43
横断面 6	8.86
横断面 7	9.13
最大值	9.13
最大层间位移角	1/1825

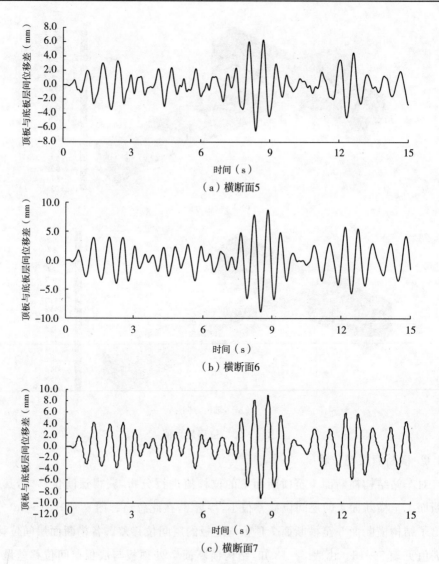

（a）横断面5

（b）横断面6

（c）横断面7

图 5-30   各横断面顶板与底板层间位移差

（2）内力分析

① 结构内力最大值

图 5 - 31 给出了在水平 y 轴方向地震荷载 1 作用下结构的最大内力（弯矩、剪力、轴力）云图（彩图见本章末二维码），由图知，结构的弯矩、轴力、剪力最大值分别为 2003.7 kN·m 和 18512.8 kN、1542.6 kN，其中，弯矩最大值分布在 1 号线结构顶板，轴力最大值分布在结构顶板和结构底板，剪力最大值分布在结构顶板和结构底板。

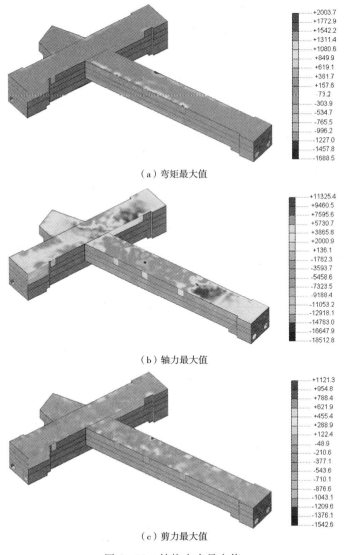

（a）弯矩最大值

（b）轴力最大值

（c）剪力最大值

图 5 - 31　结构内力最大值

② 结构横断面内力

结构横断面位置如图 5-17 所示,横断面 1 至横断面 7 各节点(图 5-32~图 5-38)的内力见表 5-14~表 5-20。

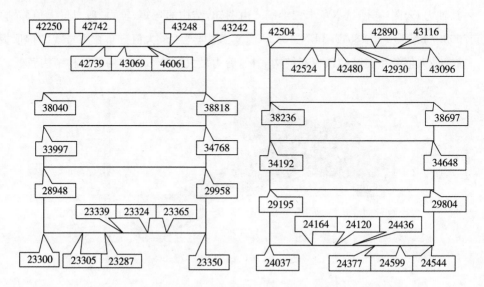

图 5-32　横断面 1　　　　　　　　　图 5-33　横断面 2

表 5-14　横断面 1 节点内力

节点编号	内　　力		
	弯矩(kN·m)	轴力(kN)	剪力(kN)
43242	−171.279	−374.094	−43.125
38818	−3.47124	−2215.6	8.45565
34768	6.00056	−2150.93	16.3832
29958	23.8844	−2212.81	−8.69313
23350	−415.401	−2086.92	366.74
42250	−136.078	4243.51	174.233
38040	−1.62715	808.421	16.2821
33997	9.87831	−1419.41	−8.23901
28948	4.55178	−1918.77	−13.495
23300	−448.194	−118.481	262.798
43248	118.392	4274.93	−14.2839
46061	122.279	4595.42	−1.98979
43069	112.524	4116.04	−18.6102

（续表）

节点编号	内 力		
	弯矩（kN·m）	轴力（kN）	剪力（kN）
42739	125.796	4464.2	−9.54222
42742	101.417	3975.82	−2.61675
23365	652.968	−293.384	24.4131
23324	548.126	−313.279	−89.4562
23339	474.056	−198.002	−41.1342
23287	533.164	−11.2782	4.00654
23305	621.174	337.438	−31.1742

表 5−15　横断面 2 节点内力

节点编号	内 力		
	弯矩（kN·m）	轴力（kN）	剪力（kN）
43096	−522.794	714.737	289.575
38697	160.44	1221.08	−1.81516
34648	−22.6524	1065.3	−33.1938
29804	−21.3653	−1612.42	8.27461
24544	−563.449	−938.124	−168.578
42504	−603.929	−2309.44	125.38
38236	46.7515	−188.459	3.76498
34192	2.16975	−823.017	−3.65554
29195	29.8412	−2485.2	−5.59435
24037	−640.513	936.745	−517.012
24599	281.561	1725.82	−31.5945
24377	263.682	3990.5	92.2405
24436	246.178	1944.66	17.2383
24120	302.384	2531.83	7.9661
24164	302.144	8.25027	−22.7536
43116	66.2143	2968.57	−32.5165
42890	42.3228	5617.25	−41.7224
42930	162.855	3624.16	7.06302
42480	185.539	−2681.61	−12.1003
42524	174.424	−725.126	−8.08785

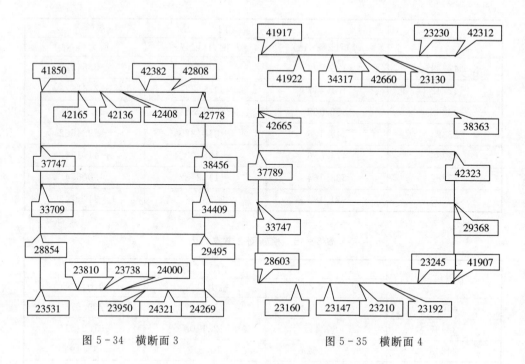

图 5-34 横断面 3　　　　　　　图 5-35 横断面 4

表 5-16　横断面 3 节点内力

节点编号	内　　力		
	弯矩(kN·m)	轴力(kN)	剪力(kN)
42778	374.264	−4811.28	94.3148
38456	−9.68379	−2994.43	14.1976
34409	0.212202	−2812.98	−0.42838
29495	−221.5	−2838.41	−30.8626
24269	−244.903	−3906.54	−457.356
41850	−534.39	−3401.49	−489.569
37747	−63.1749	−152.196	10.9429
33709	−77.4928	454.743	54.5197
28854	−102.295	−1776.28	58.57
23531	−402.573	−164.123	−221.425
42808	193.221	494.958	91.811
42382	121.299	1480.52	25.8419
42408	210.271	2021.62	−31.0069

（续表）

节点编号	内　　力		
	弯矩(kN·m)	轴力(kN)	剪力(kN)
42136	188.909	−580.413	−70.2367
42165	111.598	−200.273	19.7141
24321	629.416	4788.48	−65.623
23950	436.541	3432.72	42.2591
24000	286.3	628.599	17.4925
23738	316.849	2440.31	87.2134
23810	371.474	853.633	28.6238

表 5-17　横断面 4 节点内力

节点编号	内　　力		
	弯矩(kN·m)	轴力(kN)	剪力(kN)
29368	0.38103	−2428.39	52.0702
34317	−71.1544	−1559.73	24.4406
38363	−52.5772	−288.016	35.8032
42660	−204.705	835.753	140.053
23230	−1100.13	−2612.86	27.4325
41917	−311.178	108.024	73.8627
37789	39.7263	−461.678	14.418
33747	13.4598	−1651.08	26.7266
28603	23.9568	−1644.87	−21.7509
23130	−327.097	−1543.38	−285.698
42665	28.9102	−4852.99	−62.8601
42312	131.291	2750.51	−15.7071
42323	248.829	3057.75	12.6044
41907	243.528	2943.09	12.6031
41922	1.00917	−1283.48	−2.85915
23245	489.59	−1670.67	26.3154
23192	290.395	−1334.59	10.9234
23210	322.091	−1114.05	−50.0692
23147	310.361	380.138	−44.6248
23160	424.299	151.744	34.9295

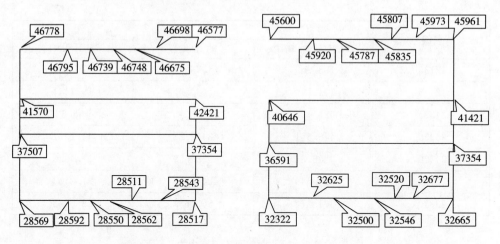

图 5－36　横断面 5　　　　　　　　　图 5－37　横断面 6

表 5－18　横断面 5 节点内力

节点编号	内　力		
	弯矩(kN・m)	轴力(kN)	剪力(kN)
46577	−101.892	4034.11	54.1852
42421	−32.9483	−677.545	6.73874
37354	15.73	−843.208	13.993
28517	−114.975	−1551.25	38.8181
46778	−149.652	2351.24	−104.265
41570	8.7829	−2269.54	16.6284
37507	26.1196	−1301.69	17.6182
28569	−299.98	−2988.48	174.273
46698	164.303	3990.21	−4.65664
46675	126.037	3849	−22.3599
46748	128.15	3468.65	26.8054
46739	138.226	3031.57	33.353
46795	146.798	2983.64	−8.12463
28543	380.697	2079.92	0.407879
28511	268.751	1685.72	50.4247
28562	234.884	2746.09	−6.55107
28550	316.725	2868.11	−57.6868
28592	359.405	801.154	−26.3638

表5-19　横断面6节点内力

节点编号	内　　力		
	弯矩(kN・m)	轴力(kN)	剪力(kN)
45600	1640.36	−7846.75	−82.8808
40646	43.2324	71.4923	−12.1334
36591	−22.8126	−106.146	5.59705
32322	−875.37	2352.86	−437.999
45961	−948.278	−5900.1	−278.721
41421	88.5595	−1582.56	21.2017
37354	2.77084	−2048.73	−7.55842
32665	−281.538	1877.72	−16.1826
45920	403.273	−8765.64	85.1143
45787	291.519	−5487.03	46.2474
45835	406.784	−8103.64	367.217
45807	195.317	−5687.57	42.2661
45973	187.972	−2511.01	−70.1636
32677	156.137	5664.21	−6.35591
32520	240.064	5956.09	−21.1541
32546	235.04	6193.46	−1.42448
32500	322.145	5810.49	55.3459
32625	432.091	5684.41	19.9556

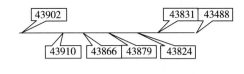

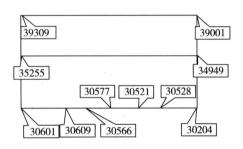

图5-38　横断面7

表 5-20 横断面 7 节点内力

节点编号	内　力		
	弯矩(kN·m)	轴力(kN)	剪力(kN)
43902	1915.39	−5857.01	84.2203
39309	70.2891	972.832	−20.3831
30601	−660.602	1332.34	257.153
35255	71.9296	1596.74	−4.11089
43488	8.5913	−6868.04	−1542.6
39001	−21.8211	−87.6098	36.1081
34949	−11.8417	1102.24	−30.4348
30204	65.786	2694.45	−99.7714
43910	321.289	−8000.71	26.7984
43866	125.669	−2190.21	6.01686
43879	211.743	−5832.41	48.4919
43824	240.918	3950.02	−2.32075
43831	333.098	1667.85	−102.681
30528	147.28	5133.76	−31.8184
30521	129.644	5840.76	−45.5485
30577	162.169	6078.66	67.9707
30566	223.627	5925.13	9.9647
30609	426.697	5221.73	−48.347

③ 中柱轴压比

截面为 800 mm 的中柱,在地震组合下中柱最大轴力 $N=11902$ kN,柱轴压比 0.66<0.85,满足轴压比要求(图 5-39,彩图见本章末二维码)。

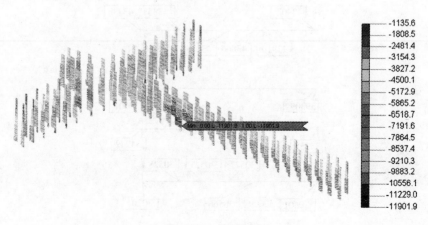

图 5-39 柱子轴力

3. 工况 3 结果

(1)位移分析

① 结构水平位移最大值

图 5-40 给出了在水平 x 轴方向地震荷载 2 作用下结构的最大位移云图(彩图见本章末二维码),由图知,结构沿 x 轴正方向的位移最大值为 23.1 mm,位置在1号线车站中部;结构沿 x 轴负方向的位移最大值为 19.8 mm,位置也在 1 号线车站中部。

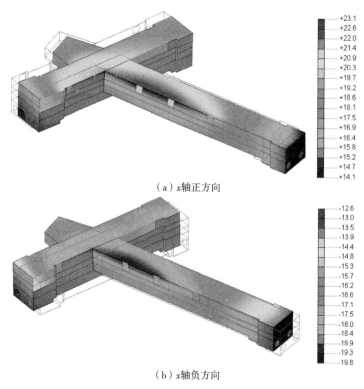

(a)x轴正方向

(b)x轴负方向

图 5-40 位移最大值

② 横断面层间位移

对车站结构横断面 1 至横断面 7 的位移值进行分析,获得层间位移差。其中,横断面 5 至横断面 7 的层间位移差很小,接近 0,在此忽略。图 5-41(a)～(d)分别给出了结构横断面 1 至横断面 4 顶板与底板的层间位移差。各横断面层间位移差最大值见表 5-21。由表 5-21 知,结构横断面 3 处顶板与底板层间位移差最大,最大值为 5.94 mm。

表 5-21　工况 3 各横断面层间位移差

横断面	顶板与底板层间位移差（mm）
横断面 1	4.42
横断面 2	3.19
横断面 3	5.94
横断面 4	5.15
最大值	5.94
最大层间位移角	1/4276

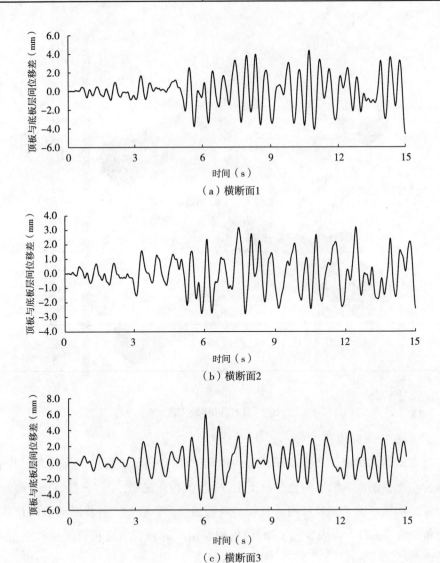

（a）横断面1

（b）横断面2

（c）横断面3

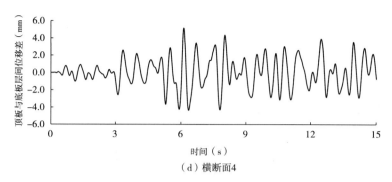

（d）横断面4

图5-41 各横断面顶板与底板层间位移差

（2）内力分析

① 结构内力最大值

图5-42给出了在水平 x 轴方向地震荷载2作用下结构的最大内力（弯矩、剪力、轴力）云图（彩图见本章末二维码），由图知，结构的弯矩、轴力、剪力最大值分别为1549.5 kN·m、18625.7 kN和2554.0 kN，其中，弯矩最大值分布在1号线结构顶板，轴力最大值分布在1号线和2号线交叉部位结构顶板，剪力最大值分布在结构顶板和底板。

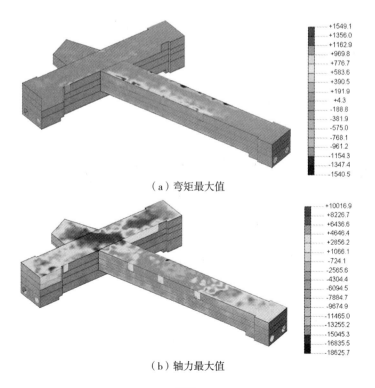

（a）弯矩最大值

（b）轴力最大值

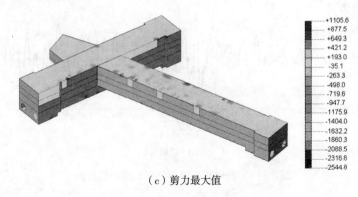

（c）剪力最大值

图 5-42　结构内力最大值

② 结构横断面内力

结构横断面位置如图 5-17 所示,横断面 1 至横断面 7 各节点(图 5-43~图 5-49)的内力见表 5-22~表 5-28。

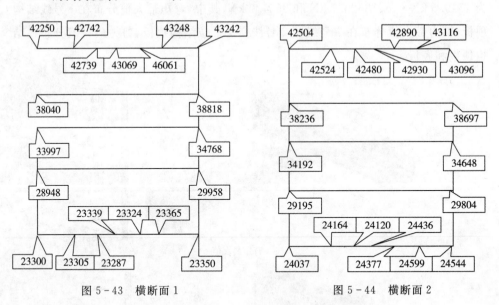

图 5-43　横断面 1　　　　　　　　　　图 5-44　横断面 2

表 5-22　横断面 1 节点内力

节点编号	内　　力		
	弯矩（kN·m）	轴力（kN）	剪力（kN）
43242	−128.18	1885.15	40.1273
38818	−19.8403	−1271.71	8.89816

（续表）

节点编号	内 力		
	弯矩(kN·m)	轴力(kN)	剪力(kN)
34768	21.9818	−2427.24	−10.5114
29958	46.7109	−3043.15	7.09746
23350	−451.664	−987.068	−119.836
42250	−171.232	4946.01	−97.2528
38040	−58.8583	908.102	−17.1588
33997	−55.532	−1100.81	−25.8123
28948	7.1876	−2260.39	32.422
23300	−140.263	−2281.73	126.005
43248	52.2275	5447.55	−26.2792
46061	118.819	5921.4	11.3452
43069	134.112	5123.9	−8.21512
42739	125.221	5603.17	3.66494
42742	154.933	5134.42	−5.52558
23365	499.87	1426.04	−55.3399
23324	458.911	1055.65	−11.5532
23339	565.621	1338.26	32.7256
23287	433.94	506.853	−86.3106
23305	421.332	−282.705	−59.3072

表 5-23 横断面 2 节点内力

节点编号	内 力		
	弯矩(kN·m)	轴力(kN)	剪力(kN)
43096	510.694	−4404.28	212.35
38697	21.6425	312.187	171.14
34648	2.89431	−817.777	2.26304
29804	−0.42807	−1124.65	3.91217
24544	−164.587	601.917	269.632
42504	−239.103	−278.7	89.0977

（续表）

节点编号	内 力		
	弯矩(kN·m)	轴力(kN)	剪力(kN)
38236	2.5135	−897.129	−40.9389
34192	17.1719	−249.82	40.5191
29195	55.276	−37.1665	−21.5321
24037	−558.733	−1734.17	−161.298
24599	347.384	2853.48	27.3174
24377	233.079	2364.31	−28.7343
24436	371.635	4550.35	−9.5906
24120	291.124	3022.42	−38.6644
24164	405.727	4008.09	43.1431
43116	235.514	−3890.28	−3.95622
42890	184.497	3307.56	65.2527
42930	151.634	5951.35	33.1094
42480	93.893	5316.04	2.0888
42524	174.424	725.126	−8.08785

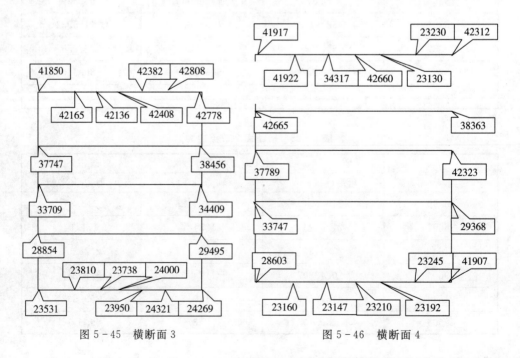

图 5-45　横断面 3　　　　图 5-46　横断面 4

表 5－24　横断面 3 节点内力

节点编号	内　力		
	弯矩（kN·m）	轴力（kN）	剪力（kN）
42778	402.126	−2216.78	−589.861
38456	22.0878	−3014.62	10.4663
34409	19.8444	−2490.82	17.9057
29495	−305.077	−1286.96	94.8426
24269	−983.71	−538.522	−719.544
41850	−333.978	−1141.6	48.8931
37747	−79.6608	363.388	6.83024
33709	−61.6584	−775.258	−51.8403
28854	−118.366	−808.447	−79.3346
23531	−535.319	−3725.68	18.7452
42808	−263.509	−1317.57	111.345
42382	−154.125	1400.36	42.5588
42408	71.6617	2015.99	−9.0378
42136	111.192	4590.05	−11.6432
42165	145.028	3204.88	0.809912
24321	245.58	−3370.02	20.3236
23950	291.401	−25.678	19.5095
24000	345.844	2286	18.0177
23738	237.11	1920.22	58.3321
23810	369.608	1600.84	10.0685

表 5－25　横断面 4 节点内力

节点编号	内　力		
	弯矩（kN·m）	轴力（kN）	剪力（kN）
29368	−10.4273	−2773.4	−20.5144
34317	−58.2075	−1562.92	10.2199
38363	−71.3713	688.585	−23.7353
42660	−214.525	2725	−79.7871

（续表）

节点编号	内 力		
	弯矩（kN·m）	轴力（kN）	剪力（kN）
23230	−370.041	−2673.92	649.46
41917	−90.2542	−300.888	−165.568
37789	−18.0819	146.431	−65.3327
33747	−12.1013	−944.854	−33.6325
28603	22.9101	−1572.49	10.2186
23130	−422.168	−339.95	14.5355
42665	−0.39783	9700.09	52.2757
42312	114.75	3811.57	9.41805
42323	226.202	7187.51	19.609
41907	241.798	4157.22	11.6338
41922	279.6	6307.64	11.7979
23245	490.961	−1533.77	30.0523
23192	383.966	−1525.67	7.1085
23210	322.091	−1114.05	−50.0692
23147	310.361	380.138	−44.6248
23160	424.299	151.744	34.9295

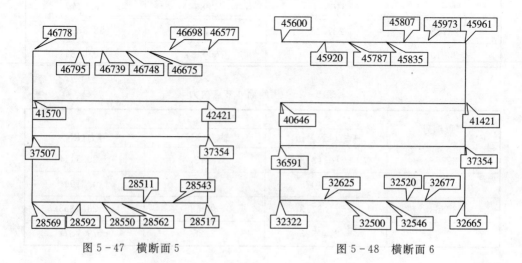

图 5-47　横断面 5　　　　　图 5-48　横断面 6

表 5-26　横断面 5 节点内力

节点编号	内　　力		
	弯矩(kN·m)	轴力(kN)	剪力(kN)
46577	−305.083	2053.13	−155.493
42421	−10.1234	−1143.27	66.8065
37354	14.3556	−2773.6	13.0448
28517	−505.873	−1979.89	−106.579
46778	−198.659	483.164	−70.2345
41570	1.92316	−1260.68	66.4731
37507	9.77875	−2800.52	−54.5444
28569	−505.438	−1590.48	95.4318
46698	120.531	3214.96	14.202
46675	126.206	2789.06	−14.6056
46748	121.31	3103.26	−28.2496
46739	92.7037	3397.58	−19.5238
46795	105.573	2998.76	−0.17774
28543	240.734	1244.18	−11.681
28511	232.116	1002.43	30.147
28562	201.756	−55.5243	66.3289
28550	290.303	−165.664	8.59319
28592	457.863	229.514	−7.61936

表 5-27　横断面 6 节点内力

节点编号	内　　力		
	弯矩(kN·m)	轴力(kN)	剪力(kN)
45600	1389.27	−4101.03	588.144
40646	38.5276	−1126.24	−11.3625
36591	32.5907	−1999.89	−18.4435
32322	−332.096	−557.39	47.0371
45961	−1241.37	−8015.06	−166.81
41421	22.532	−405.92	−19.2821
37354	49.5572	1450.81	22.536
32665	−240.511	1630.97	66.3036

（续表）

节点编号	内　　力		
	弯矩(kN・m)	轴力(kN)	剪力(kN)
45920	582.205	−7956.91	−275.454
45787	627.413	−9389.67	37.5715
45835	176.759	−5519.34	−58.9041
45807	136.638	−11413.8	−28.2175
45973	133.546	−13894.8	83.532
32677	286.853	5442.92	92.1081
32520	218.021	6106.73	72.4919
32546	194.466	5739.64	−41.3649
32500	220.617	6147.02	58.1746
32625	240.239	5352.85	16.2455

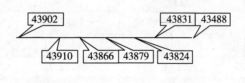

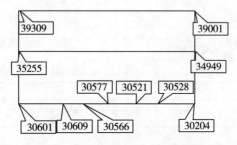

图 5-49　横断面 7

表 5-28　横断面 7 节点内力

节点编号	内　　力		
	弯矩(kN・m)	轴力(kN)	剪力(kN)
43902	1549.12	2579.47	−2037.35
39309	−11.646	890.395	36.0064
30601	−735.294	1703.74	125.035
35255	11.7161	−1763.47	13.3792

162

（续表）

节点编号	内　力		
	弯矩（kN·m）	轴力（kN）	剪力（kN）
43488	−1540.46	−5971.96	−1300.1
39001	−15.4131	1139.27	−135.559
34949	11.8595	175.529	−29.2216
30204	−477.32	2566.25	−401.826
43910	427.586	−191.433	−345.216
43866	141.526	−4024.2	−144.841
43879	318.203	−761.959	−52.4461
43824	94.9283	−8975.54	−93.273
43831	−59.6366	−8413.86	−28.9885
30528	177.069	5567.44	−20.7588
30521	198.346	6330.97	−10.5337
30577	220.682	5637.4	13.3782
30566	275.093	5793.89	20.6559
30609	270.157	5249.16	35.4026

③ 中柱轴压比

截面为 800 mm 的中柱,在地震组合下中柱最大轴力为 $N=13104$ kN,柱轴压比 0.72<0.85,满足轴压比要求(图 5-50,彩图见本章末二维码)。

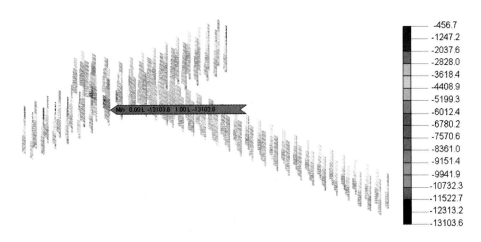

图 5-50　柱子轴力

4. 工况 4 结果

(1)位移分析

① 结构水平位移最大值

图 5-51 给出了在水平 y 轴方向地震荷载 2 作用下结构的最大位移云图(彩图见本章末二维码),由图知,结构沿 y 轴正方向的位移最大值为 35.8 mm,位置在 2 号线结构中部;结构沿 y 轴负方向的位移最大值为 39.5 mm,位置也在 2 号线结构中部。

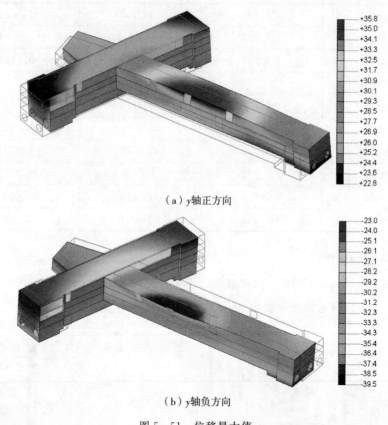

(a)y 轴正方向

(b)y 轴负方向

图 5-51 位移最大值

② 横断面层间位移

对车站结构横断面 1 至横断面 7 的位移值进行分析,获得层间位移差。其中,横断面 1 至横断面 4 的层间位移差很小,接近 0,在此忽略。图 5-52(a)~(c)分别给出了结构横断面 5 至横断面 7 顶板与底板的层间位移差。各横断面层间位移差最大值见表 5-29。由表 5-29 可知,结构横断面 7 处顶板与底板层间位移差最大,最大值为 14.05 mm。

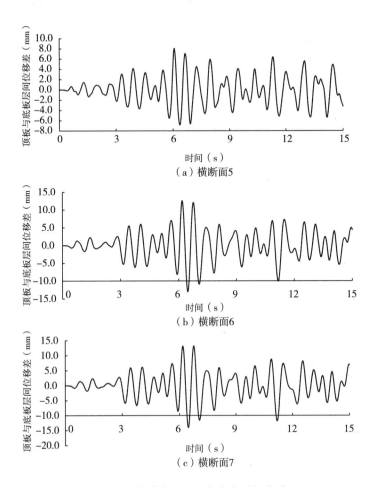

图 5-52　各横断面顶板与底板层间位移差

表 5-29　工况 4 各横断面层间位移差

横断面	顶板与底板层间位移差(mm)
横断面 5	8.05
横断面 6	13.03
横断面 7	14.05
最大值	14.05
最大层间位移角	1/1186

(2)内力分析

① 结构内力最大值

图 5-53 给出了在水平 y 轴方向地震荷载 2 作用下结构的最大内力(弯矩、剪

力、轴力)云图(彩图见本章末二维码),由图知,结构的弯矩、轴力、剪力最大值分别为1893.3 kN·m、14597.2 kN 和 1191.0 kN,其中,弯矩最大值分布在 1 号线结构顶板,轴力最大值分布在结构顶板和结构底板,剪力最大值分布在结构顶板和结构底板。

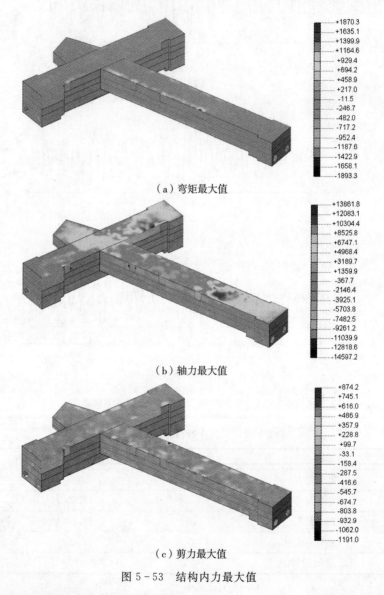

（a）弯矩最大值

（b）轴力最大值

（c）剪力最大值

图 5 - 53　结构内力最大值

② 结构横断面内力

结构横断面位置如图 5 - 17 所示,横断面 1 至横断面 7 各节点(图 5 - 54～图 5 - 60)的内力见表 5 - 30～表 5 - 36。

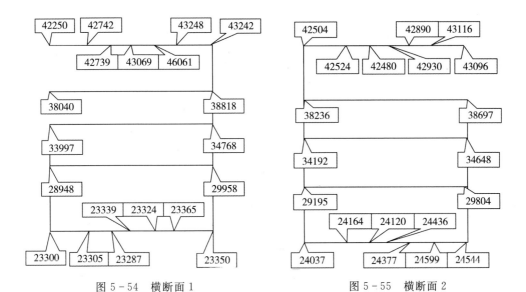

图 5-54 横断面 1　　　　　　　　图 5-55 横断面 2

表 5-30　横断面 1 节点内力

节点编号	内力		
	弯矩(kN·m)	轴力(kN)	剪力(kN)
43242	−130.81	437.105	−30.8567
38818	−0.215062	−2200.54	−0.750832
34768	15.0483	−2185.14	12.1369
29958	29.1757	−2419.51	−7.34991
23350	−405.551	−1773.61	357.98
42250	−138.73	5637.61	159.332
38040	−1.1339	1413.15	16.3572
33997	10.1144	−1207.77	−11.2653
28948	4.7865	−2300.84	−17.9731
23300	−435.141	−202.145	280.397
43248	106.406	5705.01	−8.44555
46061	108.691	6159.23	−3.0123
43069	114.889	5177.14	−19.6825
42739	129.453	5513.96	−8.43284
42742	102.842	4906.99	1.84327
23365	630.011	−183.758	26.5199
23324	528.834	−791.553	−86.8457
23339	449.915	878.174	−40.1879
23287	477.738	247.102	−8.19919
23305	575.792	1232.36	−43.2736

表 5-31　横断面 2 节点内力

节点编号	内　力		
	弯矩(kN・m)	轴力(kN)	剪力(kN)
43096	−635.803	1520.84	337.806
38697	145.532	1831.35	−1.6072
34648	−27.6829	1577.55	−19.8675
29804	−24.5277	−1481.2	10.0997
24544	−519.279	−627.824	−184.703
42504	−566.446	−2267.94	111.726
38236	15.3751	−255.248	3.43297
34192	−3.09165	−639.73	−1.63663
29195	22.9625	−2170.73	−8.08602
24037	−519.845	1433.24	−443.794
24599	273.09	1705.26	−32.5823
24377	253.524	3787.73	96.0479
24436	236.917	2118.24	10.9702
24120	308.029	2467.42	3.26707
24164	316.776	417.606	−21.4206
43116	82.9325	3606.73	−33.7539
42890	87.6971	5530.4	−34.3494
42930	209.521	4413.28	7.69749
42480	93.893	5316.04	2.0888
42524	98.0415	277.76	−2.866

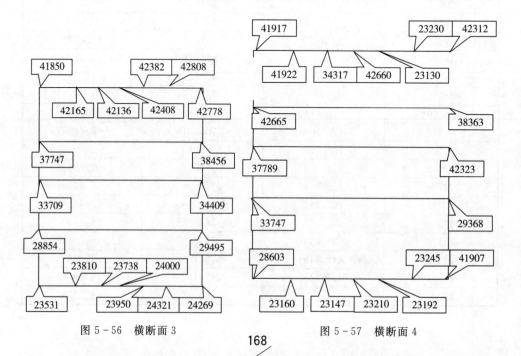

图 5-56　横断面 3　　　　　图 5-57　横断面 4

表 5-32　横断面 3 节点内力

节点编号	内　力		
	弯矩(kN·m)	轴力(kN)	剪力(kN)
42778	339.3	−3612.61	108.78
38456	−22.9329	−3194.51	15.9998
34409	−20.1458	−2511.58	−1.5335
29495	−221.686	−2237.3	−32.0519
24269	−241.348	−3849.13	−451.641
41850	−532.506	−2678.69	−444.813
37747	−82.5569	182.768	25.1268
33709	−79.6444	271.859	61.8537
28854	−115.695	−1981.91	39.4119
23531	−414.593	−518.632	−191.442
42808	141.472	1063.54	91.028
42382	90.5847	1290.24	30.4821
42408	199.723	3518.81	−28.0301
42136	172.663	669.903	−59.1062
42165	118.314	206.344	17.1791
24321	584.326	2401.76	−59.2402
23950	443.774	1451.77	59.3111
24000	286.744	397.924	11.56
23738	237.11	1920.22	58.3321
23810	369.608	1600.84	10.0685

表 5-33　横断面 4 节点内力

节点编号	内　力		
	弯矩(kN·m)	轴力(kN)	剪力(kN)
29368	−6.58108	−1777.4	35.8071
34317	−71.3949	−1534.15	12.7351
38363	−64.0323	63.5084	34.8145
42660	−226.295	−1720.85	119.97
23230	−1149.76	−3499.69	−49.7213
41917	−271.412	−1040.62	8.01292
37789	33.9256	−1111.98	6.65676

（续表）

节点编号	内　力		
	弯矩（kN·m）	轴力（kN）	剪力（kN）
33747	9.67876	−1949.22	40.7111
28603	29.378	−1969.92	−24.0662
23130	−321.596	−2626.12	−291.867
42665	265.751	−1681	11.6326
42312	161.754	792.164	−19.0095
42323	271.588	3075.44	19.7806
41907	254.569	1597.29	21.3567
41922	33.8963	−2187.29	−7.08682
23245	437.84	−1530.83	23.0928
23192	253.448	−1497.26	−113.406
23210	295.082	−2724.63	−49.7549
23147	357.457	−2515.04	−39.439
23160	395.966	−1102.18	2.20849

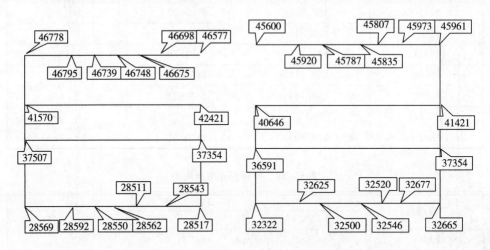

图 5-58　横断面 5　　　　　　　　图 5-59　横断面 6

表 5-34　横断面 5 节点内力

节点编号	内　力		
	弯矩（kN·m）	轴力（kN）	剪力（kN）
46577	−87.3228	7091.28	55.6272
42421	−29.8939	−165.8	5.56193

（续表）

节点编号	内 力		
	弯矩(kN·m)	轴力(kN)	剪力(kN)
37354	6.16797	−373.665	9.71019
28517	−101.07	−463.444	66.0501
46778	−158.14	2315.76	−80.5107
41570	9.05855	−2126.73	6.89775
37507	28.0499	−1295.68	17.5865
28569	−258.244	−3087.2	133.118
46698	161.211	5779.99	−5.69666
46675	124.931	5280.18	−21.0304
46748	131.985	4023.97	25.349
46739	140.67	3872.58	32.1018
46795	146.012	3394.23	−8.76786
28543	360.444	2088.76	−6.00032
28511	242.402	1943.89	41.7209
28562	213.839	2933.18	−6.36109
28550	304.182	2940.53	−62.097
28592	341.386	930.782	−15.1522

表5-35 横断面6节点内力

节点编号	内 力		
	弯矩(kN·m)	轴力(kN)	剪力(kN)
45600	1305.21	−9862.49	−57.9687
40646	87.3105	−743.339	−14.0609
36591	8.49	−387.556	8.32598
32322	−772.573	2336.17	−505.327

（续表）

节点编号	内力		
	弯矩（kN·m）	轴力（kN）	剪力（kN）
45961	−708.181	−5609.37	−210.329
41421	8.57098	−1883.92	10.6165
37354	3.5325	−2424.22	−9.85728
32665	−224.195	1562.18	−22.0382
45920	214.802	−6010.45	54.631
45787	45.1803	−2353.08	−31.3225
45835	148.825	−4289.77	114.794
45807	89.5956	−2490.53	25.5134
45973	96.6888	−1989.49	−61.173
32677	166.412	6095.71	−4.45033
32520	245.037	6098.3	−11.1581
32546	255.101	6336.63	−0.817971
32500	371.991	6155.59	29.6271
32625	471.415	5790.81	14.271

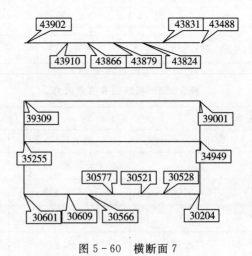

图 5-60　横断面 7

表 5 - 36　横断面 7 节点内力

节点编号	内　力		
	弯矩（kN·m）	轴力（kN）	剪力（kN）
43902	1539.91	−5933.02	112.924
39309	96.9604	605.234	−6.93403
30601	−649.24	2126.45	308.32
35255	93.0555	1831.11	−6.1432
43488	293.254	−1296.65	−1191.05
39001	41.9748	−235.706	29.8801
34949	12.6923	705.901	−33.1266
30204	−99.9276	2379.55	−172.551
43910	202.032	−4335.93	40.1045
43866	38.2172	1585.07	71.1439
43879	121.125	36.9785	50.6071
43824	128.742	6065.13	11.5957
43831	246.34	5128.15	−51.4754
30528	171.554	4954.53	−20.5332
30521	180.209	5405.15	−29.9102
30577	166.326	6294.15	47.3525
30566	263.905	6304.87	7.99383
30609	417.8	5789.96	−37.2909

③ 中柱轴压比

截面为 800 mm 的中柱，在地震组合下中柱最大轴力为 $N=10655$ kN，柱轴压比 $0.59<0.85$，满足轴压比要求，如图 5 - 61 所示（彩图见本章末二维码）。

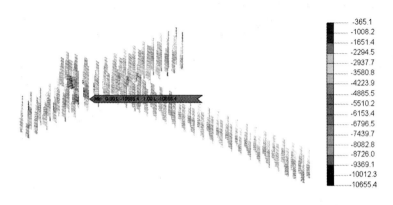

图 5 - 61　柱子轴力

5. 工况5结果

(1)位移分析

① 结构水平位移最大值

图 5-62 给出了在水平 x 轴方向地震荷载 3 作用下结构的最大位移云图(彩图见本章末二维码),由图知,结构沿 x 轴正方向的位移最大值为 24.2 mm,位置在 1 号线车站中部;结构沿 x 轴负方向的位移最大值为 21.0 mm,位置也在 1 号线车站中部。

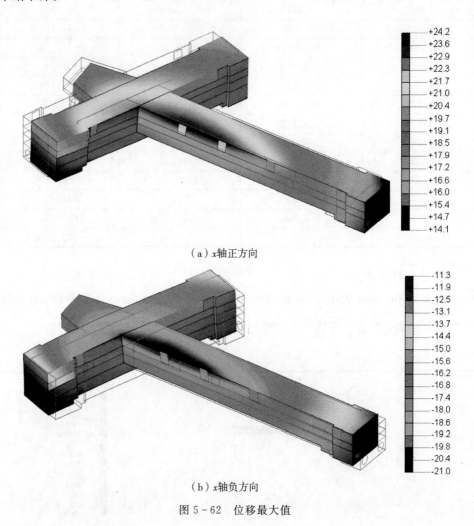

(a)x轴正方向

(b)x轴负方向

图 5-62　位移最大值

② 横断面层间位移

对车站结构横断面 1 至横断面 7 的位移值进行分析,获得层间位移差。其中,横断面 5 至横断面 7 的层间位移差很小，接近 0，在此忽略。图 5 - 63(a)～(d)分别给出了结构横断面 1 至横断面 4 顶板与底板的层间位移差。各横断面层间位移差最大值见表 5 - 37。由表 5 - 37 知，结构横断面 3 处顶板与底板层间位移差最大，最大值为 5.19 mm。

表 5 - 37　工况 5 各横断面层间位移差

横断面	顶板与底板层间位移差（mm）
横断面 1	3.94
横断面 2	3.84
横断面 3	5.19
横断面 4	4.91
最大值	5.19
最大层间位移角	1/4894

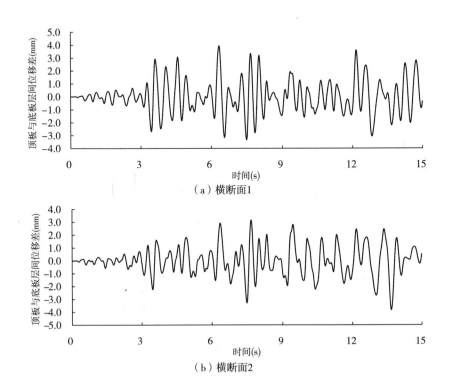

（a）横断面1

（b）横断面2

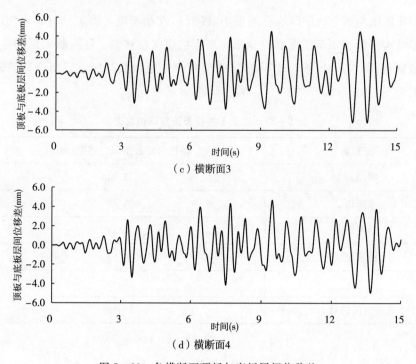

（c）横断面3

（d）横断面4

图 5-63　各横断面顶板与底板层间位移差

（2）内力分析

① 结构内力最大值

图 5-64 给出了在水平 x 轴方向地震荷载 3 作用下结构的最大内力（弯矩、剪力、轴力）云图（彩图见本章末二维码），由图知，结构的弯矩、轴力、剪力最大值分别为 1793.6 kN·m、17096.7 kN 和 2195.9 kN，其中，弯矩最大值分布在 1 号线结构顶板，轴力最大值分布在 1 号线和 2 号线交叉部位结构顶板，剪力最大值分布在结构顶板和底板。

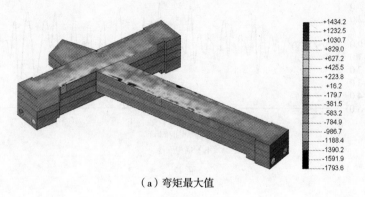

（a）弯矩最大值

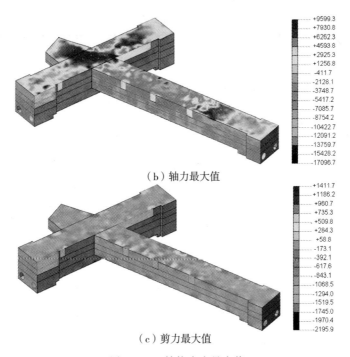

（b）轴力最大值

（c）剪力最大值

图 5 - 64　结构内力最大值

② 结构横断面内力

结构横断面位置如图 5 - 17 所示,横断面 1 至横断面 7 各节点(图 5 - 65～图 5 - 71)的内力见表 5 - 38～表 5 - 44。

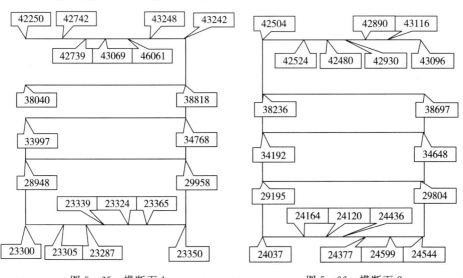

图 5 - 65　横断面 1　　　　　　　　图 5 - 66　横断面 2

表 5-38　横断面 1 节点内力

节点编号	内力		
	弯矩(kN・m)	轴力(kN)	剪力(kN)
43242	−82.8518	296.421	210.41
38818	−47.8815	−1364.04	2.85234
34768	17.2546	−2581.52	14.408
29958	57.7082	−2896.98	12.8678
23350	−558.424	−783.86	−94.2566
42250	−305.638	2382.84	−120.166
38040	−83.5129	670.849	−21.316
33997	−42.2923	−1076.25	−23.7257
28948	13.4128	−1987.31	27.2799
23300	−149.243	−2209.06	149.45
43248	158.675	1156.86	−18.4802
46061	154.386	2102.3	12.7641
43069	154.687	2583.74	−8.17137
42739	156.731	2909.7	6.86523
42742	193.05	2405.76	−1.79029
23365	514.193	1453.37	−56.3145
23324	460.495	596.188	0.284589
23339	594.113	705.885	46.9061
23287	441.711	−195.513	−66.6201
23305	407.716	−1078.55	−61.5445

表 5-39　横断面 2 节点内力

节点编号	内力		
	弯矩(kN・m)	轴力(kN)	剪力(kN)
43096	629.965	−4532.88	207.511
38697	60.3421	191.54	214.578
34648	20.777	−1211.15	−15.4884
29804	−8.62296	−1506.35	3.06706
24544	−377.685	1265.27	466.188

（续表）

节点编号	内　力		
	弯矩（kN·m）	轴力（kN）	剪力（kN）
42504	−391.906	−1739.91	159.695
38236	25.9804	−998.212	−40.9608
34192	8.8797	114.58	34.9487
29195	45.3504	665.934	−23.3563
24037	−555.834	−1295.61	−153.881
24599	409.551	2783.93	28.9111
24377	245.555	1097.09	−39.0701
24436	371.946	4186.24	−5.40954
24120	291.623	2565.23	−39.6498
24164	402.655	3547.88	23.0064
43116	244.47	−3099.31	−20.1343
42890	193.059	6059.13	63.3594
42930	149.852	7047.39	32.136
42480	88.6745	4703.18	−0.410569
42524	104501	−515.1	−17.0939

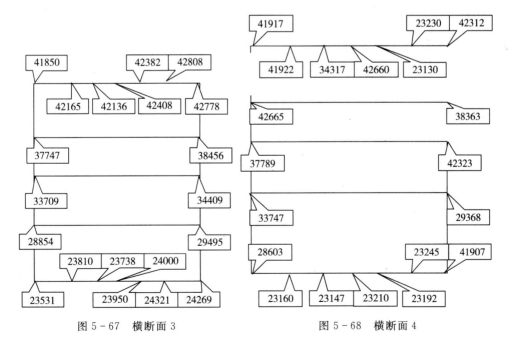

图 5-67　横断面 3　　　　　图 5-68　横断面 4

表 5－40　横断面 3 节点内力

节点编号	内　力		
	弯矩(kN・m)	轴力(kN)	剪力(kN)
42778	302.132	−1257.04	−395.739
38456	−12.4306	−2754.22	11.7118
34409	6.5029	−2600.95	18.0728
29495	−257.865	−1238.04	93.4314
24269	−999.666	−112.723	−724.277
41850	−1002.55	−929.431	−231.177
37747	−78.9325	612.566	4.29343
33709	−85.1066	−396.245	−46.8018
28854	−134.301	−1126.42	−90.2531
23531	−305.869	−3025.61	−52.4021
42808	707.452	363.484	−50.6112
42382	364.785	3098.6	16.3598
42408	135.771	2080.97	−23.6359
42136	67.2919	5132.57	−42.5882
42165	71.0119	3505.32	55.261
24321	251.349	−3326.08	16.0136
23950	304.661	−124.552	17.5075
24000	345.868	2476.52	22.5807
23738	235.114	1865.51	58.6422
23810	340.998	868.401	7.16222

表 5－41　横断面 4 节点内力

节点编号	内　力		
	弯矩(kN・m)	轴力(kN)	剪力(kN)
29368	−16.4085	−2700.24	−21.1308
34317	−58.9029	−1827.32	9.82882
38363	−75.3234	360.017	−21.3881
42660	−360.82	1979.54	−77.9771

（续表）

节点编号	内　　力		
	弯矩（kN·m）	轴力（kN）	剪力（kN）
23230	−403.069	−2504.8	646.95
41917	−103.988	−643.842	−147.901
37789	−25.6533	133.874	−66.8796
33747	−9.54738	−790.916	−38.6758
28603	27.1155	−1589.03	9.53297
23130	−404.719	−271.195	13.838
42665	160.581	8697.61	−27.7861
42312	202.986	3783.78	−3.19378
42323	302.485	6595.41	18.4048
41907	247.003	4364.41	11.5949
41922	255.703	5717.63	22.8107
23245	495.765	−1480.27	36.4243
23192	377.694	−2135.06	9.47241
23210	316.678	−563.762	30.3838
23147	357.823	−1365.09	1.78417
23160	382.568	−1027.01	−1.21406

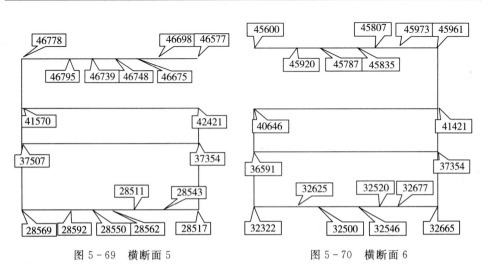

图 5-69　横断面 5　　　　　图 5-70　横断面 6

表 5-42 横断面 5 节点内力

节点编号	内 力		
	弯矩(kN·m)	轴力(kN)	剪力(kN)
46577	−311.523	3335.95	−128.681
42421	−15.4159	−637.067	50.404
37354	9.74569	−2560.79	6.90929
28517	−507.554	−1268.86	−133.528
46778	−158.833	1184.3	−73.7143
41570	7.81618	−1035.26	67.1861
37507	10.868	−3107.81	−48.7096
28569	−512.074	−1283.28	85.1982
46698	127.095	3644.3	8.36301
46675	119.158	3899.46	−18.4595
46748	104.349	4554.24	−31.9293
46739	66.9982	5283.38	−21.2405
46795	97.2281	4034.67	−3.21349
28543	262.815	2147.62	−4.2541
28511	219.578	1972.11	35.7177
28562	205.04	−57.6896	68.3086
28550	339.673	−82.3296	26.3933
28592	487.626	380.436	−4.69688

表 5-43 横断面 6 节点内力

节点编号	内 力		
	弯矩(kN·m)	轴力(kN)	剪力(kN)
45600	1113.33	408.824	−159.528
40646	39.7274	725.086	−6.67924
36591	31.6187	−776.668	−19.8698
32322	−329.833	−1031.22	57.4889
45961	−1480.95	−7275.16	−245.854
41421	26.2711	14.0065	−15.5098
37354	49.8276	1736.09	25.9784
32665	−199.3	1376.58	60.9839

（续表）

节点编号	内　　力		
	弯矩（kN・m）	轴力（kN）	剪力（kN）
45920	680.773	−6602.17	−258.971
45787	846.768	−8369.19	66.9988
45835	231.738	−4461.49	−76.7879
45807	172.65	−10706.9	−6.23161
45973	151.924	−13209.1	82.1318
32677	270.296	6162.73	94.0507
32520	206.781	6138.31	73.8967
32546	183.662	5900.36	−39.6714
32500	206.386	5722.57	49.1139
32625	229.3	5275.09	14.1981

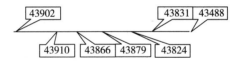

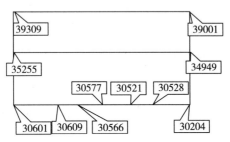

图 5-71　横断面 7

表 5-44　横断面 7 节点内力

节点编号	内　　力		
	弯矩（kN・m）	轴力（kN）	剪力（kN）
43902	1421	3661.68	−2016.63
39309	−4.15688	899.232	36.5781
30601	−752.596	1346.88	115.375
35255	9.84936	−1273.29	12.9265

（续表）

节点编号	内　　力		
	弯矩（kN・m）	轴力（kN）	剪力（kN）
43488	−1516.09	−7538.86	−1278.73
39001	−9.97523	912.045	−140.409
34949	10.6363	−130.619	−29.7644
30204	−381.246	1668.65	−390.125
43910	381.002	−2760.19	−242.483
43866	131.831	−5078.07	−105.319
43879	254.763	−1873.41	−39.8748
43824	69.6789	−11854.3	−83.3795
43831	−73.2088	−10913.4	−21.2603
30528	181.8	4940.78	−21.1378
30521	191.847	5337.69	−10.6196
30577	221.279	5194.85	11.6637
30566	280.409	5526.59	18.5271
30609	273.231	5559.62	32.0324

③ 中柱轴压比

截面为 800 mm 的中柱，在地震组合下中柱最大轴力为 $N=12917$ kN，柱轴压比 $0.71<0.85$，满足轴压比要求，如图 5-72 所示（彩图见本章末二维码）。

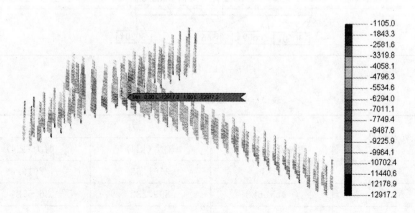

图 5-72　柱子轴力

6. 工况 6 结果

(1)位移分析

① 结构水平位移最大值

图 5-73 给出了在水平 y 轴方向地震荷载 3 作用下结构的最大位移云图(彩图见本章末二维码),由图知,结构沿 y 轴正方向的位移最大值为 37.1 mm,位置在 2 号线结构中部;结构沿 y 轴负方向的位移最大值为 33.9 mm,位置也在 2 号线结构中部。

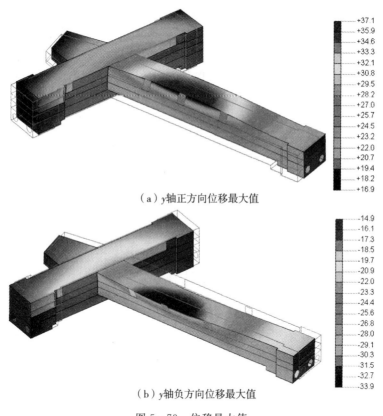

(a)y轴正方向位移最大值

(b)y轴负方向位移最大值

图 5-73 位移最大值

② 横断面层间位移

对车站结构横断面 1 至横断面 7 的位移值进行分析,获得层间位移差。其中,横断面 1 至横断面 4 的层间位移差很小,接近 0,在此忽略。图 5-74(a)~(c)分别给出了结构横断面 5 至横断面 7 顶板与底板的层间位移差。各横断面层间位移差最大值统计见表 5-45。由表 5-45 知,结构横断面 7 处顶板与底板层间位移差最大,最大值为 13.31 mm。

表5-45　工况6各横断面层间位移差

横断面	顶板与底板层间位移差（mm）
横断面5	9.10
横断面6	12.4
横断面7	13.31
最大值	13.31
最大层间位移角	1/1252

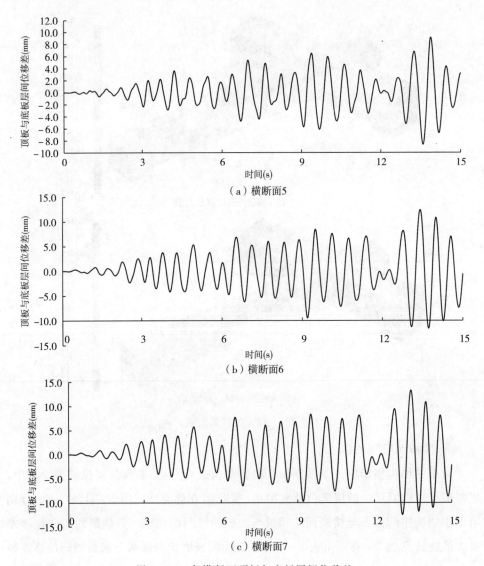

（a）横断面5

（b）横断面6

（c）横断面7

图5-74　各横断面顶板与底板层间位移差

（2）内力分析

① 结构内力最大值

图 5 - 75 给出了在水平 y 轴方向地震荷载 3 作用下结构的最大内力（弯矩、剪力、轴力）云图（彩图见本章末二维码），由图知，结构的弯矩、轴力、剪力最大值分别为 3034.8 kN·m、21095.5 kN 和 2876.1 kN，其中，弯矩最大值分布在 1 号线结构顶板，轴力最大值分布在结构顶板和结构底板，剪力最大值分布在结构顶板和结构底板。

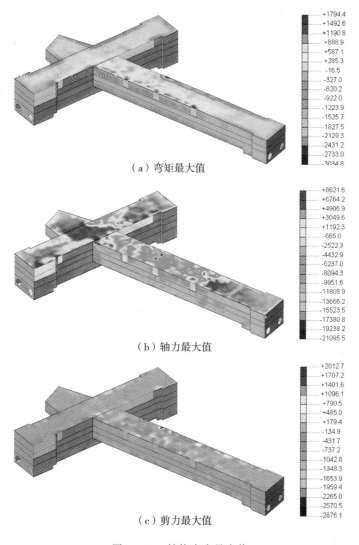

（a）弯矩最大值

（b）轴力最大值

（c）剪力最大值

图 5 - 75 结构内力最大值

② 结构横断面内力

结构横断面位置如图 5-17 所示,横断面 1 至横断面 7 各节点(图 5-76～图 5-82)的内力见表 5-46～表 5-52。

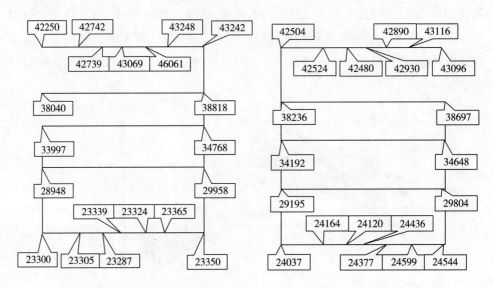

图 5-76　横断面 1　　　　　　　　　　图 5-77　横断面 2

表 5-46　横断面 1 节点内力

节点编号	内　力		
	弯矩(kN·m)	轴力(kN)	剪力(kN)
43242	−134.638	−859.677	−38.5182
38818	0.69159	−1815.34	11.8067
34768	8.79065	−2071.37	−3.18678
29958	26.5486	−2813.56	−7.06007
23350	−388.462	−2185.18	384.803
42250	−138.634	2968.67	175.91
38040	−1.56528	1414.28	16.9004
33997	14.3719	−1525.52	−21.0852
28948	9.49868	−2455.56	−17.5747
23300	−454.863	−1290.42	279.109
43248	105.048	4110.98	−12.2994
46061	107.789	2981.1	1.80661
43069	112.697	3084.75	−21.694

（续表）

节点编号	内　力		
	弯矩（kN·m）	轴力（kN）	剪力（kN）
42739	130.343	4010.3	−13.2129
42742	99.4491	3483.25	−5.45682
23365	665.78	−709.929	48.6977
23324	563.313	−383.975	−89.9771
23339	445.011	−214.473	−42.3043
23287	461.716	−325.136	6.42417
23305	624.933	−477.109	−23.8659

表 5-47　横断面 2 节点内力

节点编号	内　力		
	弯矩（kN·m）	轴力（kN）	剪力（kN）
43096	−498.919	−2219.64	276.773
38697	183.151	858.865	32.9486
34648	−27.0108	1121.47	−33.6109
29804	−16.8913	−1698.14	9.52614
24544	−657.416	−1353.89	−204.101
42504	−849.592	−5556.98	225.863
38236	99.6701	−973.483	10.9604
34192	6.03299	−1020.2	−4.03071
29195	24.7359	−1995.44	−7.34672
24037	−528.757	1510.96	−480.293
24599	278.153	1462.68	−32.9594
24377	264.46	3564.35	90.6719
24436	242.832	2149.19	18.6276
24120	303.154	2520.57	8.14497
24164	306.807	445.998	−24.1818
43116	40.7188	885	−25.0303
42890	24.2976	4330.07	−38.7709
42930	158.603	1179.37	5.50034
42480	173.945	−6703.42	−6.30308
42524	624.933	−477.109	−23.8659

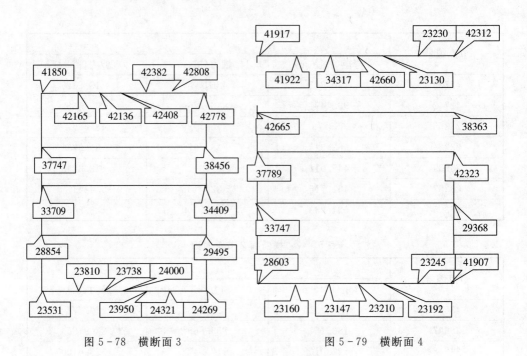

图 5-78　横断面 3　　　　　　　　　图 5-79　横断面 4

表 5-48　横断面 3 节点内力

节点编号	内　力		
	弯矩(kN·m)	轴力(kN)	剪力(kN)
42778	299.712	−5184.64	76.5602
38456	−13.1606	−1180.21	10.649
34409	−19.119	−1849.88	−2.11788
29495	−212.765	−2629.35	−29.8889
24269	−240.011	−3748.48	−379.896
41850	−487.037	−2500.83	−492.496
37747	−63.3832	−11.2928	29.894
33709	−67.5754	214.644	42.2093
28854	−85.2458	−1897.45	46.0218
23531	−472.589	−610.11	−202.966
42808	318.426	2103.75	64.1614
42382	177.82	2102.26	3.46523
42408	256.219	3970.47	−41.7321
42136	189.535	340.706	−81.1393

（续表）

节点编号	内　力		
	弯矩（kN·m）	轴力（kN）	剪力（kN）
42165	132.137	562.966	19.8175
24321	587.78	2459.49	−59.3766
23950	400.464	1739.78	39.9391
24000	280.234	523.447	12.2843
23738	289.367	1367.41	75.4404
23810	374.055	625.842	13.6879

表 5-49　横断面 4 节点内力

节点编号	内　力		
	弯矩（kN·m）	轴力（kN）	剪力（kN）
29368	4.87193	−1373.23	39.5029
34317	−73.317	−931.655	18.863
38363	−53.6521	514.639	41.3297
42660	−176.503	4092.06	99.7908
23230	−1124.1	−1662.35	−22.6309
41917	−226.055	637.004	119.172
37789	66.7676	335.375	29.4013
33747	26.4214	−822.743	24.9292
28603	36.8274	−698.226	−39.15
23130	−303.373	−1016.34	−281.624
42665	−44.0257	−1447.81	−75.4387
42312	91.4668	5100.14	−16.1587
42323	252.434	3331.14	14.537
41907	247.362	3786.6	19.7049
41922	9.78356	−959.203	0.549824
23245	440.259	−1159.95	25.2277
23192	306.011	−935.64	38.0565
23210	292.657	714.75	−9.7999
23147	355.158	3527.45	−18.2139
23160	322.293	3143.68	43.1581

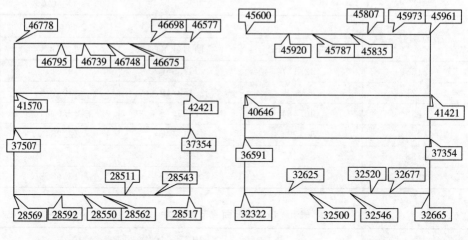

图 5-80 横断面 5   图 5-81 横断面 6

表 5-50 横断面 5 节点内力

节点编号	内　力		
	弯矩(kN・m)	轴力(kN)	剪力(kN)
46577	−160.7	3264.83	53.3751
42421	−30.6613	−785.691	11.3875
37354	5.22726	−1038.43	20.3868
28517	−96.7383	−1248.59	49.6103
46778	−158.53	2105.25	−93.6506
41570	7.50039	−2300.24	14.5821
37507	26.7416	−1402.61	18.8516
28569	−307.886	−2820.46	182.283
46698	161.702	3116.22	−3.90284
46675	117.982	3456.45	−22.8149
46748	124.478	3930.22	26.8597
46739	136.085	3636.51	32.4327
46795	147.805	3417.82	−9.23237
28543	374.597	1423.74	7.08729
28511	264.594	1056.96	47.0116

（续表）

节点编号	内 力		
	弯矩(kN·m)	轴力(kN)	剪力(kN)
28562	239.268	2672.33	−7.09529
28550	315.934	2665.08	−62.4799
28592	351.167	909.12	−26.2971

表 5−51 横断面 6 节点内力

节点编号	内 力		
	弯矩(kN·m)	轴力(kN)	剪力(kN)
45600	−59.3761	−4950.96	−59.3761
40646	−2.8167	−395.997	−2.8167
36591	9.75931	464.668	9.75931
32322	−428.965	2295.01	−428.965
45961	−518.49	−8806.69	−518.49
41421	10.8744	−1120.13	10.8744
37354	−18.0788	−832.123	−18.0788
32665	−1.5793	2368.57	−1.5793
45920	231.983	−5550.35	231.983
45787	65.3062	−6922.1	65.3062
45835	435.353	−7007.45	435.353
45807	21.9764	−8135.58	21.9764
45973	−56.8621	−4515.42	−56.8621
32677	−4.47387	4200.97	−4.47387
32520	−8.42599	5060.79	−8.42599
32546	3.18403	5995.66	3.18403
32500	52.131	6191.44	52.131
32625	13.494	5818.01	13.494

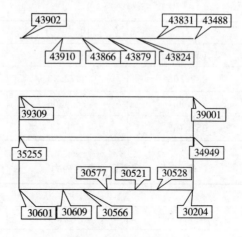

图 5-82 横断面 7

表 5-52 横断面 7 节点内力

节点编号	内 力		
	弯矩(kN·m)	轴力(kN)	剪力(kN)
43902	1769.6	−1788.43	171.755
39309	28.1396	3153.05	−18.1516
30601	−564.502	1784.03	236.207
35255	54.3218	2298.33	−5.63536
43488	−219.638	−7620.5	−2876.06
39001	−89.3988	837.037	47.2387
34949	11.7498	1125.61	−41.2984
30204	−38.3775	2159.62	−156.451
43910	706.402	−7887.61	−54.8895
43866	479.221	−2168.21	−66.1182
43879	394.878	−7565.28	143.455
43824	395.695	3292.53	36.7304
43831	545.789	2300.08	−126.798
30528	148.627	4626.72	−33.7279
30521	113.419	6204.22	−52.0664
30577	144.077	5999.56	54.549
30566	218.607	6160.34	−9.07766
30609	359.861	5571.91	−49.8207

③ 中柱轴压比

截面为 800 mm 的中柱,在地震组合下中柱最大轴力为 $N=14207$ kN,柱轴压比 0.78<0.85,满足轴压比要求(图 5-83,彩图见本章末二维码)。

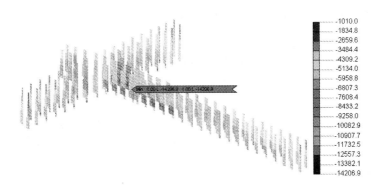

图 5-83　柱子轴力

5.2.4　车站主体结构构件配筋验算

根据《建筑抗震设计规范》(GB 50011—2010),对地震工况荷载进行荷载组合设计时还需考虑承载力抗震调整系数 γ_{RE},抗震墙等构件调整系数按 0.85 考虑,地震工况构件按偏压构件计算。

结构构件的截面抗震验算应采用如下的表达式:

$$S \leqslant R/\gamma_{RE} \qquad\qquad (5-12)$$

式(5-12)中,S——荷载效应组合的设计值,包括组合的弯矩、轴向力和剪力设计值;R——结构构件承载力设计值;γ_{RE}——承载力抗震调整系数。

在抗震设计中,不考虑结构构件的重要性系数,按强度计算配筋。配筋的计算原则:侧墙按压弯构件计算,顶板和底板按纯弯构件考虑。

对前述各个断面进行配筋核算,所有断面均满足承载能力要求,满足抗震性能 Ⅰ 要求。

5.2.5　设计地震下动力时程法与反应位移法对比分析

1. 大东门站 1 号线标准断面

(1)内力最大值

由计算得到合肥地铁大东门站 1 号线标准断面弯矩、轴力和剪力最大值分别为 4401 kN·m、6533 kN、3263 kN。

(2)动力时程分析法与反应位移法内力对比

动力时程分析法和反应位移法中标准断面关键点的弯矩值见表5-53,由表可知,动力时程分析法中结构构件的弯矩值小于反应位移法中结构构件的弯矩值,反应位移法的计算内力作为截面的控制内力。

表5-53 标准横断面弯矩对比

部　位	弯矩(kN·m)	
	动力时程法	反应位移法
顶板1-A轴支座	402	3563
顶板1-B轴支座	154	791
顶板1-C轴支座	111	1380
顶板1-D轴支座	334	673
顶板中跨跨中	72	281
底板1-A轴支座	984	3001
底板1-B轴支座	291	621
底板1-C轴支座	237	569
底板1-D轴支座	535	569
底板中跨跨中	346	446

2. 大东门站2号线标准断面

(1)内力最大值

由计算得到合肥地铁大东门站2号线标准断面弯矩、轴力和剪力最大值分别为2250 kN·m、2799 kN、2028 kN。

(2)动力时程分析法与反应位移法内力对比

动力时程分析法和反应位移法中标准断面关键点的弯矩值见表5-54,由表可知,动力时程分析法中结构构件的弯矩值小于反应位移法中结构构件的弯矩值,反应位移法的计算内力作为截面的控制内力。

表5-54 标准横断面弯矩对比

部　位	弯矩(kN·m)	
	动力时程法	反应位移法
顶板2-D轴支座	1540	1733
顶板2-C轴支座	38	614
顶板2-B轴支座	129	876
顶板2-A轴支座	293	141
顶板中跨跨中	121	249
底板2-D轴支座	649	2250

（续表）

部　　位	弯矩（kN·m）	
	动力时程法	反应位移法
底板2-C轴支座	264	1247
底板2-B轴支座	180	1464
底板2-A轴支座	100	902
底板中跨跨中	166	633

5.2.6　罕遇地震下时程计算分析

大东门站位于抗震设防烈度7度区内，根据抗震计算相关要求，将针对大东门站遭遇罕遇地震（设防烈度提高1度，即8度）时结构的变形进行计算分析。

1. 模型与参数

在罕遇地震下，场地地震加速度峰值取为$0.22g$（g为重力加速度），采用地震荷载4、5和6（图5-84）分别施加到模型中，具体工况见表5-55。

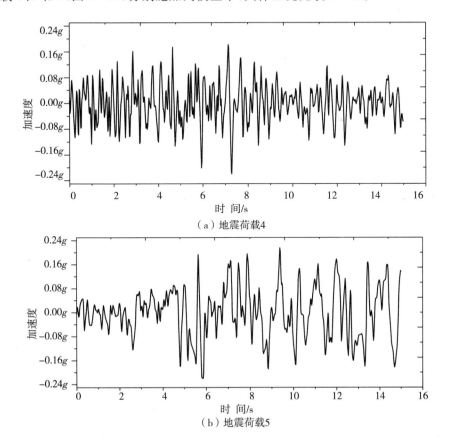

（a）地震荷载4

（b）地震荷载5

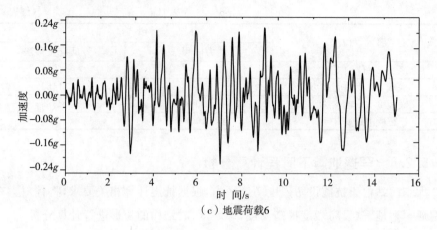

（c）地震荷载6

图 5-84 地震荷载

表 5-55 计算工况

工况名	荷载类型	荷载方向
工况 7	荷载 4	x 方向
工况 8	荷载 4	y 方向
工况 9	荷载 5	x 方向
工况 10	荷载 5	y 方向
工况 11	荷载 6	x 方向
工况 12	荷载 6	y 方向

2. 结果分析

结构各横断面位置如图 5-85 所示，各工况各横断面顶板与底板层间位移差及层间位移角最大值见表 5-56，由表知，结构层间位移最大值和位移角最大值分别为 42.15 mm 和 1/395，层间位移角最大值小于 1/250，满足抗震性能 II 设计要求。

表 5-56 各工况各横断面顶板与底板层间位移差最大值

横断面	顶板与底板层间位移差（mm）					
	工况 7	工况 8	工况 9	工况 10	工况 11	工况 12
横断面 1	12	—	13.26	—	11.82	—
横断面 2	7.62	—	9.57	—	11.52	—

（续表）

横断面	顶板与底板层间位移差（mm）					
	工况 7	工况 8	工况 9	工况 10	工况 11	工况 12
横断面 3	12.99	—	17.82	—	15.57	—
横断面 4	10.8	—	15.45	—	14.73	—
横断面 5	—	19.29	—	24.15	—	27.3
横断面 6	—	26.58	—	39.09	—	37.2
横断面 7	—	27.39	—	42.15	—	39.93
最大值	12.99	27.39	17.82	42.15	15.57	39.93
最大层间位移角	1/1955	1/608	1/1425	1/395	1/1631	1/417

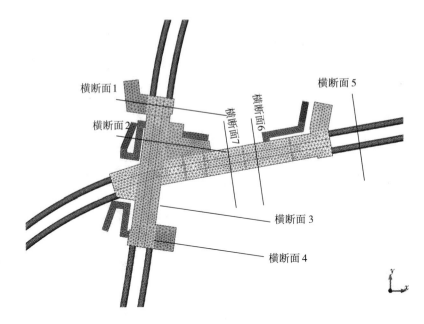

图 5-85　结构横断面位置图

5.2.7　抗震构造措施

1. 主体构造措施

参照《建筑抗震设计规范》（GB 50011—2010）的相关要求，结合本站的具体情况，主要从以下几方面进行车站主体抗震构造加强措施。

(1)梁端箍筋

参照《建筑抗震设计规范》(GB 50011—2010),对于梁端箍筋加密区的长度、箍筋的最大间距和最小直径应满足表 5-57 的要求。

表 5-57　梁端箍筋加密区的长度、箍筋的最大间距和最小直径

抗震等级	加密区的长度 (采用较大值) (mm)	箍筋的最大间距 (采用最小值) (mm)	箍筋最小直径 (mm)
一	$2h_b$,500	$h_b/4,6d,100$	10
二	$1.5h_b$,500	$h_b/4,8d,100$	8
三	$1.5h_b$,500	$h_b/4,8d,150$	8
四	$1.5h_b$,500	$h_b/4,8d,150$	6

注:① d 为纵向钢筋直径,h_b 为梁截面高度;

　② 箍筋直径大于 12 mm、数量不少于 4 根且距离不大于 150 mm 时,一、二级的最大间距应允许适当放宽,但不得大于 150 mm。

(2)柱箍筋

参照《建筑抗震设计规范》(GB 50011—2010),对于抗震等级为三级时,柱箍筋加密区的箍筋最大间距及最小直径应满足表 5-58 的要求。

表 5-58　柱箍筋加密区的箍筋最大间距及最小直径

抗震等级	箍筋最大间距(采用较小值,mm)	箍筋最小直径(mm)
一	$6d,100$	10
二	$8d,100$	8
三	$8d,150$(柱根 100)	8
四	$8d,150$(柱根 100)	6(柱根 8)

注:① d 为柱纵筋最小直径;

　② 柱根指底层柱下端箍筋加密区。

(3)结构柱

为提高中柱的抗剪强度、抗弯强度和延性,主体结构柱须满足轴压比及配箍率要求。

在中柱纵筋最小配筋率增加 0.2％基础上,要求中柱与梁、顶板、中间楼板及底板连接处的箍筋应加密,具体要求参照《建筑抗震设计规范》(GB 50011—2010),钢筋的锚固长度统一按 L_{aE} 取值。

(4)设置纵横腋角

为了加强节点四周的约束程度,保证结构整体性和连续性,保证构件间内力的顺利传递,梁板、墙板纵横处均设置腋角,防止节点提前破坏。

(5)混凝土浇筑

车站大体积浇筑的混凝土应采用低水化热水泥、添加剂,以防止发生有害裂缝和减小裂缝宽度,在必要部位采用微膨胀混凝土以及其他防裂抗裂措施。

混凝土的原材料和配比、最低强度等级、最大水灰比和每立方混凝土的水泥用量、外加剂的性能和掺加量等应符合耐久性要求,同时要满足抗裂、抗渗、抗冻和侵蚀性的要求。混凝土中氯离子的最大含量不得超过 0.1％;单位体积混凝土中的含碱量不应超过 3 kg/m³;一般环境下混凝土强度按不低于表 5-59 所列的数值。

表 5-59　混凝土强度等级选用

	施工方法	部　　位		混凝土标号	最低抗渗标号
地下结构	明挖法、盖挖法	模筑混凝土结构	顶板、底板、边墙	≥C40	S8
			楼板、楼梯、站台板	≥C30	—
		地下连续墙		≥C30	S8
		灌注桩		≥C30	—
		喷射混凝土		≥C20	—
		钢管混凝土柱		≥C40	—
		素混凝土垫层		≥C15	—
	矿山法	喷射混凝土初衬		≥C20	—
		现浇混凝土或模筑钢筋混凝土二衬		≥C40	S8
		钢管混凝土柱		≥C40	—
	盾构法	装配式钢筋混凝土管片		≥C50	S10

(6)施工缝、变形缝、诱导缝和后浇带设置

施工缝:墙体水平施工缝不应留在剪力最大处或底板与侧墙的交界处,应设于底板斜托与侧墙结合面以上 300～500 mm 处、顶板斜托与侧墙结合面以下

300 mm处、各层楼板与侧墙结合面上下 300 mm 处。墙体有预留孔洞时,施工缝距孔洞边缘不应小于 300 mm。结构环向施工缝设置间距不宜大于 16 m,并宜采用跳槽分段的方法施工,环向施工缝要求布置在纵向柱间距 1/4~1/3 跨附近。

变形缝和诱导缝:车站主体纵向设置变形缝和诱导缝,车站与各出入口、风道、区间相连接处均设置变形缝,以保证车站与出入口等附属结构的变形和沉降不受影响。

后浇带:每隔 30~40 m 设置一道宽 800~1000 mm 的后浇带,后浇带位置宜在柱距中部 1/3 范围内。后浇带处梁、板的钢筋不可断开。后浇混凝土应等主体混凝土浇灌后不少于 2 个月再进行浇灌,后浇混凝土强度等级应提高一级,并不采用收缩混凝土。

(7)保护层

受力钢筋的混凝土保护层厚度不得小于钢筋的公称直径,且在一般环境条件下应符合表 5-60 的规定。箍筋、分布筋和构造筋的混凝土保护层厚度不得小于 20 mm。

表 5-60　受力钢筋的混凝土保护层最小厚度

结构类别	灌注桩	楼板纵梁	框架柱	明挖、盖挖、结构暗挖					
				顶板		侧墙		底板	
				外侧	内侧	外侧	内侧	外侧	内侧
保护层厚度(mm)	70	30	30	45	35	45	35	45	35

注:① 混凝土结构中受力钢筋的混凝土保护层厚度不应小于钢筋公称直径;
② 车站内的楼梯、站台板等内部构件主筋的混凝土保护层厚度不应小于 25 mm;
③ 箍筋、分布筋和构造筋的混凝土保护层厚度不应小于 20 mm。

(8)钢管柱设置钢筋

钢管柱与纵梁连接节点受水平地震力作用,产生一定的柱端弯矩和剪力,因此在钢管柱内设置钢筋。

2. 主体结构薄弱部位工程措施

楼板开洞处加强锁边梁构造措施,洞口直径小于(或边长)1 m 时,洞口四边各增加两根加强筋,钢筋直径不小于板受力主筋。对于天窗部位,要求开洞断面的整个截面配筋不小于其他非开洞部位的配筋。

对于侧墙开洞部位,应加强顶板跨中钢筋、侧墙跨中钢筋和开洞侧墙下部钢筋。结构开洞范围内设置加强后浇环梁或者暗梁柱,确保结构传力路径清晰,增加开洞侧墙的整体抗震性能。

5.3 超深盖挖逆作车站结构施作技术

本项目针对合肥轨道交通大东门站超深盖挖逆作车站的特点,提出了采用复合墙的结构形式,创新了梁板与下地续连墙的榫槽连接法以及钢管柱与梁接口部位的单梁环板连接法,研发了逆作法车站梁板的地板革地模施作技术,优化了侧墙与梁板连接处混凝土的浇筑工艺,保证了车站结构的质量和耐久性。本节主要针对结构施工方面的技术进行阐述,具体包括梁板与地下连续墙的榫接凹槽施工技术、钢管桩与梁板连接的单梁环板施工技术、地模施工技术以及侧墙与梁板连接处的混凝土施工技术等。

5.3.1 梁板与地下连续墙榫槽连接施工技术

为了满足超深盖挖逆作法车站抗浮要求以及结构梁板与地下连续墙的有效连接,本项目以合肥市轨道交通大东门站为背景,提出了榫槽连接法,即在地下连续墙施工时,在各层楼板标高处预留榫接凹槽,并在榫接凹槽内预埋钢板,各层楼板通过榫槽与地下连续墙形成有效连接,保证整体受力。

1. 地下连续墙施工

由于本车站结构采用复合墙形式,为了保证结构楼板与地下连续墙的有效传力,结构楼板与地下连续墙采用榫槽连接法,即在地下连续墙施工时,在各层楼板标高处预留榫接凹槽,并在榫接凹槽内预埋钢板。为此,在制作地下连续墙的钢筋笼时,将预埋钢板焊接在相应标高(顶板和中板)的钢筋笼上(图 5-86),其中顶板预埋 400 mm×16 mm 的钢板,中板预埋 70 mm×70 mm 的角钢。钢筋笼下方时,在预留凹槽位置绑扎泡沫板,开挖至相应标高时凿除泡沫板,铺筑防水卷材,绑扎顶板或中板钢筋,浇筑混凝土。

图 5 - 86　钢筋笼上预埋型钢

2. 榫槽施工技术

　　榫槽施工是随着基坑开挖深度的增加而逐渐进行的,当开挖至凹槽所在标高时,将泡沫板凿除,如图 5 - 87(a)所示,考虑车站结构为复合墙,为了保证防水卷材的铺设效果,利用水泥砂浆将地下连续墙找平,见图 5 - 87(b)和(c),最后再铺筑防水卷材,见图 5 - 87(d),完成榫槽的施工。

（a）凿出凹槽

（b）凹槽找平

（c）找平完成的凹槽　　　　　　　（d）铺筑防水卷材

图 5 - 87　榫槽施工

3. 结构梁板施工

榫槽施工完成之后，就可以进行结构梁板钢筋笼的绑扎（图 5 - 88）以及混凝土浇筑。

图 5 - 88　结构梁板施工

5.3.2 逆作法车站梁板地模施工技术

考虑到支架法施工须至少超挖 2 m,可能引起周围地层的过大变形,本工程采用了地模施工,另外,为了提高结构梁板的表面施工质量,本工程创新性地提出了地板革地模施工技术,即利用地板革代替脱模剂。地模结构示意图见图 5-89,主要由 C20 细石混凝土(厚度控制为 10～20 cm)和地板革组成,地板革实物见图 5-90。

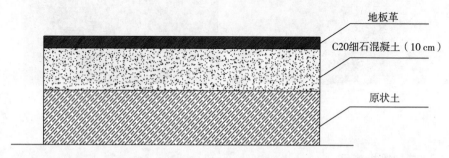

地板革

C20细石混凝土(10 cm)

原状土

图 5-89 地模示意图

图 5-90 现场地模施工图

为了保证地模混凝土施工标高,浇筑混凝土前通过测量在横向、纵向每 2 m 位置插一根钢筋缠上有色胶布作为标高控制线,地模混凝土达到强度要求后,在地模混凝土表面铺设地板革,确保主体结构与地模隔绝,能够保证土膜顺利脱落(表 5-61)。

表 5-61 现浇结构土模施工允许偏差表

项 目	允许偏差/mm
轴线位置	5
标高	±5

（续表）

项　　目	允许偏差/mm
断面尺寸	+4，-5
平整度	5
相邻接缝错边量	2

　　顶板与中板地模施工开挖至土模施工所需标高，人工找平，采用横向分块浇筑 10 cm 的 C20 细石混凝土、整平，用靠尺精确抹平收光，待混凝土达到一定强度后，采用 107 胶将地板革粘贴在混凝土表面，地板革接缝采用透明宽胶带再次连接，连接前应排空绝缘板与混凝土表面间的空气，确保密贴。

　　根据车站设计轴线先开挖钢管柱梁、底梁土方，通过支立模板来保证梁边线位置准确（图 5-91）。混凝土与梁边齐平，然后在梁体底面浇筑 10 cm 的 C20 细石混凝土，施工至设计标高后，再施工下反梁倒角斜面，待混凝土达到一定强度后对反梁倒角进行收面处理，混凝土强度达到施工要求后铺设地板革。

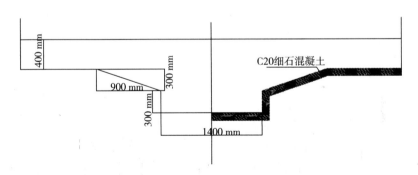

图 5-91　钢管柱梁、底梁土模施工

　　边梁底模由于盖挖逆作的施工特性，边梁位置每次都会超挖 50 cm，通过灌水密实的方法来确保边梁底强度。

5.3.3　板墙接缝节点施工技术

　　在逆作法车站施工中，结构梁板与侧墙节点是施工控制的难点，常常会由于接缝处混凝土振捣不密实而影响结构的整体质量，并且可能成为地下水的渗漏通道，从而影响车站结构的耐久性。为此，本工程提出了以下施工技术措施：

　　（1）楼板与侧墙接缝留在楼板倒角下 30 cm 位置，土方人工开挖，砌砖模并砂浆抹面，坑底铺 15 cm 粗砂并铺满地板革，该部位钢筋接头插入地板革下砂层内，与侧墙相接防水板甩槎留在地板革下面,且该处接茬面做成 45°斜面,为下层侧墙混凝土浇筑提供方便,如图 5-92所示。

（2）侧墙混凝土浇筑采用浇筑假牛腿及二次注浆工艺,在浇筑的侧墙上部设置特制的斜向模板,以保证假牛腿顶面高出施工缝 20 cm,在接缝处安装注浆管便于后期注浆,如图 5-93所示。

（3）侧墙混凝土强度达到2.5 MPa后,拆除接茬处的模板,人工凿除牛腿

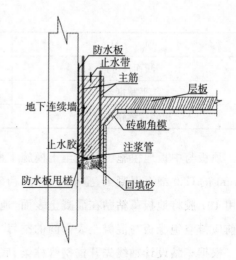

图 5-92 楼板与侧墙接缝设置示意图

混凝土,混凝土凿至距侧墙边缘 2 cm 处,最后用同标号砂浆把剩余墙面抹平;在混凝土强度达到设计要求后,进行二次注浆。

针对板墙接缝处二次注浆后存在的局部渗水点,采用机械注浆法通过注浆针头进行堵漏,达到了不错的效果。

图 5-93 侧墙混凝土浇筑采用的假牛腿

5.3.4 侧墙混凝土施工技术

1. 模板安装与加固

侧墙模板使用钢管架与拉杆配合施工,钢管架采用外径为 48 mm、壁厚为3.5 mm的钢管,按照 60 cm×75 cm×75 cm 的尺寸搭设钢管排架。模板采用竹胶

板,模板支撑龙骨采用 10 cm×10 cm 的方木施工,龙骨竖向间距为 20 cm,横向间距为 75 cm。在结构底板或中板浇筑时延模板受力反方向预埋地锚钢筋,地锚钢筋的作用是为了抵抗浇筑侧墙混凝土时对模板的水平推力和模板的上浮力。

为了保证钢管架的整体稳定性和模板的牢靠性,在模板安装后对模板进行加固。将钢管架与预先埋好的锚筋使用拉筋与蝴蝶扣连接,在侧墙上部和下部均匀地设置两排拉杆,间距均为 75 cm;并在横向与纵向设置斜杆对支撑体系进行加固。横向斜杆支撑在临近钢管柱上,纵向斜杆支撑在下翻梁处。在临近模板位置使用可调支撑与横向龙骨连接,通过旋转支撑来调节模板垂直度(图 5-94、图 5-95)。

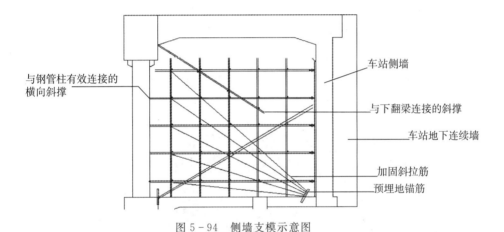

图 5-94　侧墙支模示意图

图 5-95　现场侧墙支模

拆除过程中严格遵循从上到下的拆模顺序,轻撬慢卸,严禁生拉硬拽,拆除下来的模板、木方应按照损坏程度分类堆放;严禁在混凝土未达到规定强度时擅自拆模。

2. 侧墙混凝土浇筑

侧墙混凝土浇筑前要对基底进行清理,并检查止水带及板下缝(水平)防水结构情况、渗透结晶防水材料、遇水膨胀止水胶和预埋注浆管。

侧墙混凝土浇筑采用输送泵,浇筑顺序由已完成侧墙处向另一侧进行浇筑,竖向分层浇筑,层高为 80 cm,在浇筑顶板时,在侧墙位置顶部埋设 15 mm 钢管作为后期侧墙浇筑施工时混凝土入口和振捣孔,管间距 1 m,具体预留方式处理如图 5-96所示。负二层侧墙混凝土浇筑采用在侧墙模板顶部设置槽口,槽口的位置高于施工缝 20 cm 左右。对进料及振捣部位钢筋间距进行适当调整,以利于混凝土浇筑。混凝土浇筑到槽口位置以后,从顶部的槽口斜模位置进行浇筑和振捣,混凝土浇筑人员则通过人工挤压方法确保侧墙浇筑密实。

图 5-96　盖挖逆作负一层侧墙浇筑混凝土

侧墙混凝土浇筑时,要分层从浇筑孔灌入,每层高度不得超过 2 m,以防止混凝土倾落高度过大而造成离析。采用高频插入式振捣器进行振捣,快插慢拔,由有经验的操作人员操作,必须保证侧墙顶部浇筑质量,在浇筑过程中通过人工均匀敲击模板的形式对混凝土进行监督,待混凝土浇筑至顶部的时候。浇筑振捣由专人现场指挥,要合理控制浇筑速度,并兼顾模板安全和混凝土浇筑质量。

侧墙混凝土强度高,自防水要求高,必须要做好混凝土养护工作,防止混凝土产生裂缝。结合现场实际情况,顶部采用高压水枪人工控制喷淋,对混凝土进行养护。混凝土养护要由专人负责,根据现场情况,每 20～40 min 喷淋一次,使混凝土表面保持湿润。

5.4 本章小结

本章主要内容如下:

(1)从提高车站结构防水性能和耐久性出发,合肥城市轨道交通大东门站盖挖逆作法车站采用复合墙结构。

(2)为了提高车站的抗浮性能以及保证车站结构与地下连续墙的有效连接,创新性地提出了车站结构与地下连续墙的榫槽连接法,其具有施工简便、效果良好等特点。

(3)通过建立三维数值分析模型,系统分析了不同工况下大东门站的抗震性能,并针对性提出了应对措施。

(4)提出了钢管桩与梁接口的单梁环板连接法,即梁内的钢筋直接焊接在钢管桩外侧的环板,通过环板传递钢筋应力,具有简单、方便、可靠等特点。

(5)提出了盖挖逆作梁板施工的地板革地模施工技术,利用地板革代替脱模剂,不仅可以保证梁板的施工质量,也方便了施工。

(6)提出了板墙接缝节点的板下斜缝假牛腿连接方法,有效地解决了盖挖逆作车站板墙连接质量问题。

(7)形成了系统的盖挖逆作车站结构施工技术,可指导今后类似工程的设计与施工。

(含第五章部分图片)

211

第6章 结 论

　　合肥地铁大东门站为1号线和2号线的换乘车站,其中1号线车站最大开挖深度为33.1 m,2号线车站最大开挖深度为25.3 m,车站周围环境复杂,紧临多栋高层建筑以及南淝河,穿越地层上软下硬,具有开挖深度大、环境保护等级高、地层上软下硬、存在地层偏载等特点。本书通过系统研究,攻克了盖挖逆作基坑的小变形、高精度等技术难题,形成了复杂环境下异型深大基坑盖挖逆作成套技术,得到的主要结论如下:

　　(1)借助数值模拟和理论分析的手段,揭示了偏载对基坑施工稳定的影响,提出了采用盖挖逆作法进行复杂环境下异型深大基坑施工。

　　(2)为了控制车站施工对周围环境的影响,提出了采用"十"字钢板地下连续墙接头、槽壁旋喷桩加固和成槽机＋冲击钻的成槽工艺,优化出土口布置以及中板施工技术,有效控制了开挖引起的周围环境变形,形成了"过程管控、分区卸载、实时监控、即刻响应"的变形控制技术,实现了复杂环境下基坑的小变形控制,现场效果良好。

　　(3)项目针对合肥地铁大东门站上软下硬的地层特点,发明了三段式的扩底灌注桩施工技术,即浅层软土旋挖钻机成孔、深层硬岩冲击钻成孔以及可视全液压扩底旋挖钻机扩孔,不仅保证了中风化泥质岩层中灌注桩成孔、扩孔质量,也保证了灌注桩施工精度,同时静载试验显示扩底灌注桩的抗压承载力和抗拔承载力都达到了设计要求。

　　(4)研发了高精度液压垂直插入机,通过插入机夹具点和钢管桩上监测点实现了钢管柱垂直度的两点式实时监控和纠偏,实现了超过30 m长钢管柱插入施工时误差在1/1000以内的控制精度,大大提高了国内同类技术的施工水平。

　　(5)创新了盖挖逆作地铁车站的结构形式,具体包括创新性地提出了车站结构与地下连续墙的榫槽连接法,不仅提高了连接效果,还具备施工简便、质量易控的特点;提出了钢管柱与梁接口的单梁环板连接法,具有简单、方便、可靠的特点;提出了板墙接缝节点的板下斜缝假牛腿连接方法,有效解决了盖挖逆作车站板墙连接质量问题。

(6)建立三维数值分析模型,系统分析了不同工况下车站结构的抗震性能,并针对性提出了车站结构抗震构造措施,确保了车站在正常服役期内结构的耐久性要求。

(7)在盖挖逆作车站结构施作方面,提出了盖挖逆作梁板施工的地板革地模施工技术,利用地板革代替脱模剂,不仅可以保证梁板的施工质量,也方便了施工;提出了板墙接缝节点的板下斜缝假牛腿连接方法,有效解决了盖挖逆作车站板墙连接质量问题,形成了系统的盖挖逆作车站结构施工技术。

参 考 文 献

[1] 李启民,孔永安. 我国深基坑工程事故的综合分析[J]. 科技情报开发与经济,1999,29(2):55-56.

[2] 刘利民. 基坑工程事故的原因与对策[J]. 建筑安全,2001,(8):9-10.

[3] 唐业清. 深基坑工程事故的预防与处理[J]. 施工技术,1997,26(1):4-5.

[4] 卢礼顺,刘建航,刘庆华,等. 上海某地铁车站深基坑周围土体沉陷研究[J].岩土工程学报,2006,28(增刊):1764-1769.

[5] 夏明耀,曾进伦. 地下工程设计施工手册[M]. 北京:中国建筑工业出版社,1999.

[6] 刘建航,侯学渊. 基坑工程手册[M]. 北京:中国建筑工业出版社,1997.

[7] 龚晓南,等. 深基坑工程设计施工手册[M]. 北京:中国建筑工业出版社,2004.

[8] 中华人民共和国行业标准编写组. 建筑基坑工程技术规范(YB 9258-97)[S]. 北京:冶金工业出版社,1997.

[9] 上海市行业标准编写组. 基坑工程设计规程(DBJ-61-97)[S]. 上海,1997.

[10] 上海市行业标准编写组. 上海地铁基坑工程施工规程(SZ-08-2000)[S]. 上海,2000.

[11] M. D. Bolton, W. Powrie. Collapse of diaphragm walls retaining clay[C]. Geotechnique,1987,37(3):335-353.

[12] M. D. Bolton, W. Powrie. Behaviour of diaphragm walls in clay prior to collapse[C]. Geotechnique,1988,38(2):167-189.

[13] 姚燕明. 城市轨道交通平行换乘车站深基坑变形控制研究[D]. 上海:

同济大学,2003.

[14] 黄熙龄. 高层建筑地下结构及基坑支护[M]. 北京:宇航出版社,1994.

[15] 陈仲颐,叶书麟. 基础工程[M]. 北京:中国建筑工业出版社,1990.

[16] 徐瑾. 地下车站地下连续墙施工中常见的质量问题及解决措施[J]. 上海建设科技,2007,(5):51-53.

[17] 肖怀全. 地下连续墙施工常见问题简析[J]. 岩土工程界,2007,11(7):43-47.

[18] 中华人民共和国行业标准编写组. 建筑桩基技术规范(JGJ 94-94)[S]. 北京:中国建筑工业出版社.

[19] 上海市行业标准组编写. 地基基础设计规范(DGJ08-11-1999)[S]. 上海,1999.

[20] 孙晓立. 抗拔桩承载力和变形计算方法研究[D]. 上海:同济大学,2007.

[21] 施祖元. 深基坑支护结构设计理论和计算方法——深基坑支护工程实例[M]. 北京:中国建设工业出版社,1996.

[22] Sun Yuyong, Zhou Shunhua, Luo Zhe. Basal-heave analysis of pit-in-pit braced excavations in soft clays[J]. Computers and Geotechnics, 2017, 81(1): 294-306.

[23] Xiao Hongju, Sun Yuyong. Reconstruction technology of underground engineering based on dismantled area in soft clays in Ningbo, China[J]. Electronic Journal of Geotechnical Engineering, 2016, 21(19): 6603-6619.

[24] 王卫东,王浩然,徐中华. 上海地区板式支护体系基坑变形预测简化计算方法[J]. 岩土工程学报,2012,34(10):1792-1800.

[25] 钱建固,周聪睿,顾剑波. 基坑开挖诱发周围土体水平位移的解析解[J]. 岩土力学,2016,37(12):3380-3386.

[26] Wang W D, Wang J H, Li Q, et al. Design and performance of large excavations for Shanghai Hongqiao International Airport Transport Hub using combined retaining structures[J]. J. Aerosp. Eng., 2015, 28(6): 1-8.

[27] Razvan I, Sadek B, Sven L B, et al. Behavior of braced excavation supported by panels of deep mixing columns[J]. Can. Geotech. J., 2016, 53(10): 1671-1687.

[28] Tan Y, Wei B, Zhou X, et al. Lessons learned from construction of Shanghai Metro Stations: importance of quick excavation, prompt propping, timely casting and segmented construction[J]. Perform. Constr. Facil., 2015, 29(4): 1-15.

[29] 朱宪辉,汪贵平,顾倩燕. 逆作法深基坑在超高层建筑中的设计应用[J]. 岩土工程学报,2006,28(增刊):1565-1568.

[30] 徐至钧,赵锡宏. 逆作法设计与施工[M]. 北京:机械工业出版社,2002.

[31] 赵锡宏,李蓓,杨国祥,等. 大型超深基坑工程实践与理论[M]. 北京:人民交通出版社,2004,58-78.

[32] 徐至钧. 建筑深基坑支护的发展与逆作法的应用[J]. 岩土工程界, 2001,4(10):16-17.

[33] 戴标兵,范庆国,赵锡宏. 深基坑工程逆作法的实测研究[J]. 工业建筑, 2005,35(9):54-59.

[34] 范庆国,赵锡宏. 深基坑工程逆作法的理论与计算[J]. 岩土力学,2006, 27(12):2170-2175.

[35] 张建新,仲晓梅,张淑朝,等. 超深基坑盖挖逆作立柱桩承载变形性状分析[J]. 岩土工程学报,2008,30(增刊):400-403.

[36] 上海岩土工程勘察设计研究院有限公司,等. AM可视旋挖扩底灌注桩技术规程(DBJ/CT 093—2010)[S]. 上海,2010.

[37] 王勖成. 有限单元法[M]. 北京:清华大学出版社,2003.

[38] 李志业,曾艳华. 地下结构设计原理与方法[M]. 成都:西南交通大学出版社,2003.

[39] 贾永刚. 合肥地铁大东门站结构设计创新与应用[J]. 城市快轨交通, 2015,28(1):92-96.

[40] 贾永刚. 合肥弱膨胀土地层明挖车站结构设计方法[J]. 城市快轨交通, 2013,26(1):59-63.